本书由下列项目资助出版：

公安部消防局科研计划项目（项目编号：2013XFCX13）
广东省自然科学基金项目（项目编号：S2013010013225）
广州市科技计划项目（项目编号：2014Y2－00069）

莫善军　梁　栋　编著

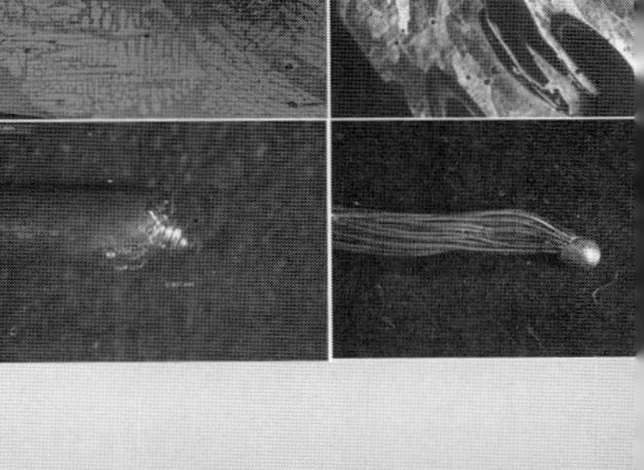

电气火灾痕迹物证鉴定分析与应用案例

暨南大學出版社
JINAN UNIVERSITY PRESS

中国·广州

图书在版编目（CIP）数据

电气火灾痕迹物证鉴定分析与应用案例／莫善军，梁栋编著．—广州：暨南大学出版社，2014.6
ISBN 978－7－5668－1169－1

Ⅰ．①电…　Ⅱ．①莫…②梁…　Ⅲ．①电气设备—火灾—痕迹—司法鉴定　Ⅳ．①TM08②D918.91

中国版本图书馆 CIP 数据核字（2014）第 274333 号

出版发行：暨南大学出版社

地　址：中国广州暨南大学
电　话：总编室（8620）85221601
营销部（8620）85225284　85228291　85228292（邮购）
传　真：（8620）85221583（办公室）　85223774（营销部）
邮　编：510630
网　址：http：//www.jnupress.com　http：//press.jnu.edu.cn

排　版：广州良弓广告有限公司
印　刷：佛山市浩文彩色印刷有限公司

开　本：890mm×1024mm　1/32
印　张：5.25
字　数：125 千
版　次：2014 年 6 月第 1 版
印　次：2014 年 6 月第 1 次

定　价：38.00 元

前　言

随着社会的进步和经济的发展，火灾原因日益复杂化，火灾物证鉴定已成为火灾调查工作中一种重要的技术手段和方法，对查明火灾原因发挥着越来越重要的作用。火灾调查研究是火灾科学的重要分支，火灾调查中经过分析鉴定，具有证明作用的物证是认定火灾原因、火灾性质和处理火灾责任者的依据和司法诉讼的证据。

电气火灾是指由于电气线路、用电设备、器具以及供配电设备出现故障而释放的热能，在具备燃烧条件下引燃本体或其他可燃物而造成的火灾。其中，电气火灾是火灾统计案例的主要类别，约占40%，而短路又是引发重大电气火灾最严重的故障形式。电气火灾物证鉴定是针对火灾现场提取的导线、电气连接件、电热器具、用电设备上的金属痕迹物证进行的一种定性分析，目的是判断痕迹形成的时刻是火灾发生前还是火灾发生后以及痕迹形成时是否有电作用的参与。

电气火灾现场残存的痕迹中，除了由电气原因直接产生的残留物外，由非电气原因引起的带电线路发生短路而诱发的电气故障，也会留下相应的残留物痕迹。准确无误地发现和提取这些痕迹，并对痕迹进行准确的判别和鉴定，对于确定火灾原因具有非常重要的作用。电气火灾常见的短路故障形成的熔痕分为一次短路熔痕（Primary Short Circuited Melted Marks，PSMs）和二次短路熔痕（Second Short Circuited Melted Marks，SSMs）。PSMs 即火前短路熔痕，是指火灾之前由于电气短路形成的熔痕；SSMs 即火后短路熔痕，则指在火灾环境中，由于火烧破坏绝缘层而发生短路所形成的熔痕。如何鉴别和判定短路熔痕的性质对分析火灾的原因和火灾事故认定至关重要。

我国在电气火灾痕迹物证鉴定技术方面，经过几代人的努力，创建了国家标准《电气火灾原因技术鉴定方法》（GB/T 16840），该标准包括六部分：《第 1 部分：宏观法》（GB/T 16840. 1—2008）、《第 2 部分：剩磁法》（GB 16840. 2—1997）、《第 3 部分：成分分析法》（GB 16840. 3—1997）、《第 4 部分：金相法》（GB 16840. 4—1997）、《第 5 部分：电气火灾物证识别和提取方法》（GB/T 16840. 5—2012）和《第 6 部分：SEM 微观形貌分析法》（GB/T 16840. 6—2012），其中第 1 部分宏观法和第 4 部分金相法是判定电气火灾痕迹物证的主要方法，近些年应用和实践最为广泛，但是该两种方法对火灾痕迹物证的鉴定判据只作了定性的描述，比较宽泛，且没有相关参考图谱提供，目前鉴定工作主要依据个人的经验开展。同时，电气火灾痕迹物证鉴定技术属于交叉小众学科，行业间交流不够充分，当前越来越多的社会第三方司法机构参与此项服务，实际电气火灾案例现场提取的一次短路、二次短路和火烧三类熔痕的特征急需总结和分析，并给出相应的对照图谱。

本书总结了近几年广东省典型的电气火灾案例痕迹物证鉴定工作的经验和体会，对发生在民宅、仓库和车间等场所的典型一次短路、二次短路和非电气原因的熔痕物证外观和金相特征进行分析和研究，并与国家标准中的描述特征和模拟实验的熔痕特征进行对比分析，总结一次短路、二次短路和火烧熔痕的一般特征和所处环境的相关性，给出一系列的判定标准和相关图谱，对国家标准进行补充和完善，为电气火灾痕迹物证的认定提供更精准的鉴定参考依据。

本书的成稿与出版，得到广东省消防科学技术重点实验室、广东省公安厅火灾物证鉴定技术重点实验室、中山大学安全工程研究中心多位领导、专家的指导，得到实验室主任梁栋教授的大力支持和指导，实验室同事王粤、马荣、黄立明、田文龙、蔡梓洋等协助本书的材料收集和编写工作，在此表示衷心的感谢。本书由公安部消防局科研计划项目（2013XFCX13）、广东省自然科学基金项目（S2013010013225）和广州市科技计划项目（2014Y2－00069）资助出版。

由于时间比较仓促，资料涉及领域较广，加之编者学识和水平有限，书中不当之处在所难免，望同行给予批评指正。

编著者

2014 年 3 月

目　录

1　电气火灾典型痕迹物证

每一次重大火灾事故的突然发生，都对社会影响巨大，引发的突发性公共舆论更是无法避免，其中舆论的焦点之一必然是事发原因。因此科学、准确地查明火灾原因刻不容缓，火灾物证鉴定提供的准确证据尤为关键。2012 年最新颁布的《公安部关于修改〈火灾事故调查规定〉的决定》（公安部 121 号令）第 23 条规定：“现场提取的痕迹、物品需要进行专门性技术鉴定的，公安机关消防机构应当委托依法设立的鉴定机构进行。”随着社会的进步和经济的发展，火灾原因日益复杂化，火灾物证鉴定已成为火灾调查工作中一种重要的技术手段和方法，对查明火灾原因发挥着越来越重要的作用。火灾调查研究是火灾科学的重要分支，火灾调查中经过分析鉴定，具有证明作用的物证是认定火灾原因、火灾性质和处理火灾责任者的依据和司法诉讼的证据。

1.1　相关术语和鉴定依据

1.1.1　相关术语

（1）电气火灾

按起火原因分类的火灾类别之一。一般是指由于电气线路、用电设备、器具以及供配电设备出现故障而释放的热能，在具备燃烧条件下引燃本体或其他可燃物而造成的火灾。电气火灾是火灾统计案例的主要类别，约占40%。

（2）电气火灾原因调查

火灾调查人员为了查清原因，通过火灾现场勘验、有关人员调查和有关痕迹物证技术鉴定等方式而得到的引起电气火灾起火原因结论所进行的一系列工作。

（3）电气火灾物证鉴定

针对火灾现场提取的导线、电气连接件、电热器具、用电设备上的金属痕迹物证进行定性分析，判断痕迹形成的时刻是火灾发生前还是火灾发生后以及痕迹形成时是否有电作用的参与。

（4）短路火灾

电气线路、用电设备短路时阻抗突然减少，电流增大，瞬间产生高温，引燃本体及周围可燃烧物而造成的火灾。

（5）熔痕

导线在外界火焰或电气故障产生电弧高温作用下形成的圆状、凹凸状、瘤状、尖状及其他不规则的微熔及全熔痕迹。

（6）熔珠

导线在外界火焰或电气故障产生电弧高温作用下，在导线的端部、中部或落地后形成的圆珠状熔化痕迹。

（7）火烧熔痕

电气设施金属部分在火灾中受火焰或高温作用被熔化后残留的痕迹，铜铝导线、接线端子、线圈绕组、插接件以及其他导体，在火灾中受火焰或高温作用被熔化后残留的痕迹。铜铝导线、接线端子、线圈绕组、插接件以及其他导体，在火灾中火焰温度高于上述物体熔点时，局部出现软化、熔滴、熔瘤、气化孔、溶蚀坑等不同形态，冷却后仍保持其特征。

（8）短路熔痕

导体在短路电流、电弧高温作用下接触处熔化，冷却后保留下来的不同特征的熔化痕迹。短路熔痕又分为一次短路熔痕和二次短路熔痕。

（9）一次短路熔痕

一次短路熔痕（Primary Short Circuited Melted Marks，PSMs），即火前短路熔痕，是指火灾之前由于电气短路形成的熔痕，即火灾的发生有电作用参与的可能。

（10）二次短路熔痕

二次短路熔痕（Second Short Circuited Melted Marks，SSMs），即火后短路熔痕，是指在火灾环境中，由于火烧破坏绝缘层而发生短路形成的熔痕。

（11）晶粒

熔化的金属凝固形成的金相组织，构成多晶体的各个单晶体由很多晶胞所组成，外形往往呈颗粒状，无规则。

（12）晶界

两个位向不同的晶粒相接触的区域，即晶粒与晶粒之间的界面。

（13）等轴晶

在通常的凝固条件下，金属或合金的固溶体结晶成颗粒状，形成内部各自等长相近的枝晶组织。形成枝晶的各个分枝，在各个方向均匀生长成大小不同的晶粒。

（14）树枝晶

先后长成的晶轴，彼此交错似树枝状。

（15）胞状晶

固溶体在结晶时，晶体在界面上以凸起条状自由生长，在过冷区内所形成的不规则形状、条状、规则六角形。

（16）柱状晶

在通常的凝固条件下，金属或合金的固溶体在结晶时由晶内生长成的枝晶，沿着分枝（主干）在某一特殊界面延伸生长，最后形成长条状的晶粒。

（17）熔化过渡

由熔痕向导线延伸的一定距离内存在熔化现象的部分，是火烧熔痕和二次短路熔痕所具有的特征。

（18）外观

熔痕和熔珠外部形状、表层、覆盖物等特征。

（19）金相组织

指金属组织中化学成分、晶体结构和物理性能相同的组成，其中包括固溶体、金属化合物及纯物质。

（20）检材

在电气火灾现场起火点及其附近提取的可能构成起火原因的导线及其插接件物证，这些物证需要进一步检测和分析其成因。

（21）样品

对火灾现场提取的检材，通过检查后提取的带有熔痕、溶蚀坑等检测样品。

（22）鉴定结论

鉴定人对案件中需要解决的专门性问题进行鉴定后作出的结论。电气火灾物证鉴定过程中，鉴定人根据所提取的熔痕外观特征以及金相显微组织特征，按照国家标准中的鉴定依据对熔痕样品成因进行的判定。

1.1.2 鉴定依据

我国在电气火灾痕迹物证鉴定领域制定了相关标准，即《电气火灾原因技术鉴定方法》（GB/T 16840），该标准包括六部分：

《第 1 部分：宏观法》（GB/T 16840.1—2008）；

《第 2 部分：剩磁法》（GB 16840.2—1997）；

《第 3 部分：成分分析法》（GB 16840.3—1997）；

《第 4 部分：金相法》（GB 16840.4—1997）；

《第 5 部分：电气火灾物证识别和提取方法》（GB/T 16840.5—2012）；

《第 6 部分：SEM 微观形貌分析法》（GB/T 16840.6—2012）。

其中，第 1 部分宏观法和第 4 部分金相法是判定短路熔痕和火烧熔痕的主要方法，近些年应用和实践最为广泛。

一次短路熔痕是指电气线路在着火前发生短路故障而残留的熔化痕迹，包含三层含义：一是熔痕产生时处于非火灾环境，即自然环境；二是该熔痕的产生表示电气线路发生了火前短路故障，但是并没有考察短路形成的原因；三是熔痕产生的过程指导线短路释放热能使导线本身从熔化到凝固的过程。在勘查现场过程中，若技术鉴定作出了一次短路熔痕的结论，并确定熔痕提取的位置来自于火场的着火点，再结合火场的环境，则可判定此火灾是该线路发生一次短路后引燃造成的。一次短路熔痕是指在正常的情况下，电气线路因为本身的故障而造成短路引发大电流发热，在导线上留下的熔化痕迹。一次短路发生之后会留下不规则的熔痕或者圆润的熔珠。一次短路发生在火灾之前，属于瞬间电弧高温熔化，具有熔化范围小，冷却速度快的特点。《电气火灾原因技术鉴定方法》（GB/T 16840）关于一次短路熔痕特征判据描述如表 1 - 1 - 1 所示。

表 1 - 1 - 1　国标中一次短路熔痕特征描述

项目	一次短路的特征
宏观特征（依据 GB/T 16840. 1—2008）	1. 铜导线上的短路熔珠直径通常是线径的 1 ~ 3 倍，短路熔珠位于导线的端部或者歪在一侧，铜导线短路熔珠表面有光泽； 2. 短路熔珠内部孔洞数量少，分布在熔珠中部； 3. 短路熔痕与导线基体交接处有明显的熔化和未熔化的分界线； 4. 在两根导线相对应的地方出现凹痕，凹痕内表面有光泽但不平滑，有堆积状熔化金属和毛刺，有扎手感； 5. 在铜质多股软线的线端部形成熔痕时，熔痕与导线连接处无熔化黏结痕迹，其多股细丝仍能够逐根分离；有的细丝端部出现微小熔珠
金相特征（依据 GB 16840. 4—1997）	1. 金相组织呈细小的胞状晶或柱状晶； 2. 熔珠金相磨面内部气孔小而较少并较整齐； 3. 熔珠与导线衔接处的过渡区界限明显； 4. 熔珠晶界较细，孔洞周围的铜和氧化亚铜共晶体较少且不太明显； 5. 在偏光下观察时一次短路熔珠孔洞周围及洞壁的颜色不明显

二次短路熔痕是在火灾环境下，带电的铜或者铝导线绝缘层失效而引发短路，在导线上留下的金属熔化痕迹。其包含三个含义：首先，痕迹的形成处于火灾环境中或高温分布区域；其次，痕迹的形成表示电气因绝缘层破坏而发生诱发性短路故障；最后，痕迹的形成表示短路释放的热能和高温热能共同作用使导线

发生熔化和凝固的过程。二次短路发生时金属导线可能会留下熔痕或者熔珠。二次短路发生在火灾环境条件下，属于瞬间电弧高温熔化，具有熔化范围小、冷却速度相对快的特点，同时受到火灾现场环境影响较大。《电气火灾原因技术鉴定方法》（GB/T 16840）关于二次短路熔痕特征判据描述如表 1－1－2 所示。

表 1－1－2　国标中二次短路熔痕特征描述

项目	二次短路的特征
宏观特征（依据 GB/T 16840. 1—2008）	1. 导线上短路熔珠的直径相对大于一次短路熔珠，但是又小于火烧形成的熔珠，表面有微小凹坑，光泽性差； 2. 短路熔珠内部孔洞数量多，分布在熔珠的边缘及中部，铜导线短路熔珠内部孔洞的表面呈透明感的鲜红色（红宝石色），光泽度强，有较多的碳迹； 3. 短路熔痕与导线基体交接处无明显的熔化与未熔化的分界线，导线上有微熔变细的痕迹； 4. 多股金属软线的线端部形成短路熔珠时，与短路熔珠相连接的导线变硬或者黏结在一起
金相特征（依据 GB 16840. 4—1997）	1. 金相组织被很多气孔分割，出现较多粗大的柱状晶或粗大晶界； 2. 金相磨面内部气孔多而大且不规整； 3. 熔珠与导线衔接处的过渡区界限不太明显； 4. 熔珠晶界较粗大，孔洞周围的铜和氧化亚铜共晶体较多而且较明显； 5. 熔珠孔洞周围及洞壁呈鲜红色或橘红色

火烧熔痕是在火灾中，受火焰或高温作用被熔化后残留的痕迹。由于火场的高温作用能使铜导线的金相组织出现再结晶现象，因而火烧熔痕的金相组织呈粗大的等轴晶；同时，温度较

低，几乎不溶解空气，无孔洞，个别熔珠磨面有极少缩孔（多股导线熔痕除外）。《电气火灾原因技术鉴定方法》（GB/T 16840）关于火烧熔痕特征判据描述如表 1－1－3 所示。

表 1－1－3　国标中火烧熔痕特征描述

项目	火烧熔痕的特征
宏观特征（依据 GB/T 16840. 1—2008）	1. 铜导线熔珠直径通常是线径的 1～3 倍，通常位于熔断导线的端部或中部；表面光滑，无麻点和小坑，具有金属光泽； 2. 有熔化过渡痕迹，熔珠附近的导线明显变细； 3. 在铜质多股软线的线端部形成熔珠或尖状熔痕，熔痕附近的细铜线熔化并黏结在一起，很难分开；在熔珠内有未被完全熔化的间隙孔
金相特征（依据 GB 16840. 4—1997）	1. 火烧熔痕的金相组织呈粗大的等轴晶； 2. 无孔洞，个别熔珠磨面有极少缩孔（多股导线熔痕除外）

1.2　一次短路痕迹物证特征

1.2.1　一次短路熔痕形成

铜铝导线因自身故障于火灾发生之前形成的短路现象称为一次短路，其形成的短路熔化痕迹为一次短路熔痕（Primary Short Circuited Melted Marks，PSMs）。

一般情况下，电气线路 PSMs 直径较小，短路点处于 2 000℃～3 000℃，整个导线温度接近于环境温度，导线熔化部分与线材本体之间的过渡区域温差较大，其连接处过渡区别明显。一次短路导线熔化液态金属存在表面张力，凝固成圆形熔珠且熔珠表面光泽明显。PSMs凝固时间极短，结晶时固液界面将以树枝方式在空间中迁移，晶粒彼此交错似树枝状，呈树枝晶。同时熔珠内部夹杂的气孔既少又小，且温差作用过渡区域晶粒界限特征明显。

1.2.2 痕迹外观图谱

一次短路熔痕颗粒圆润，表面有麻点和小坑，有氧化膜，线材与熔痕间无过渡迹象，其颈部分界明显。

图1-2-1 一次短路熔痕外观特征 10X

图1-2-1所示的一次短路熔痕外形圆润，熔痕与导线基体部分过渡区分界明显，表面覆盖有碳化层，没有亮黄色金属光泽。

图 1－2－2　一次短路熔痕外观特征 10X

图 1－2－2 所示的一次短路熔痕外形呈不规则状，在导线边缘有熔化的珠状熔痕，熔痕与导线基体部分分界明显，表面覆盖物极少，有亮黄色的金属光泽。

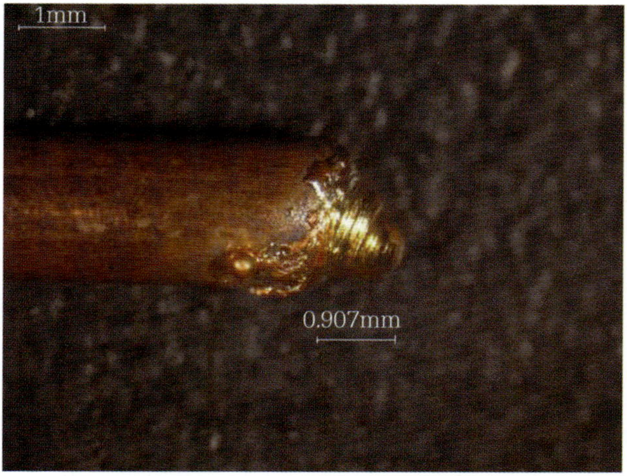

图 1－2－3　一次短路熔痕外观特征 20X

图1－2－3所示的一次短路熔痕为单股铜导线线端点状熔痕，熔痕较小，约占线径的一半，表面覆盖物极少，有亮黄色的金属光泽。

1.2.3 痕迹金相图谱

一次短路熔痕的金相显微组织是由细小的柱状晶或胞状晶组成，熔痕内部气孔较少而小，内部金相组织分层分界明显。

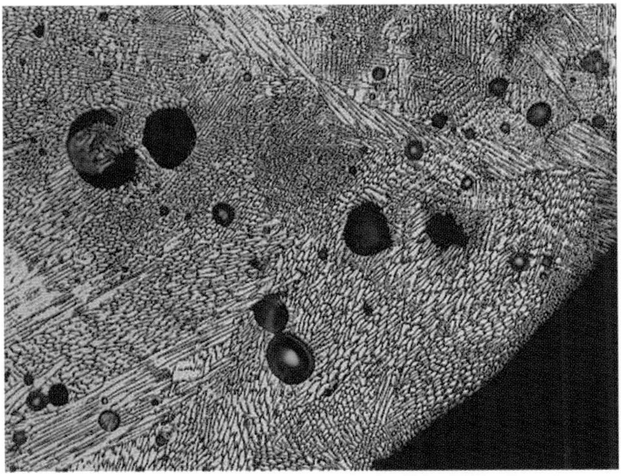

图1－2－4 一次短路金相组织特征 100X

图1－2－4所示的一次短路熔痕金相组织为细小的树枝晶，晶粒较多且密集，内部有少量细小的缩孔。

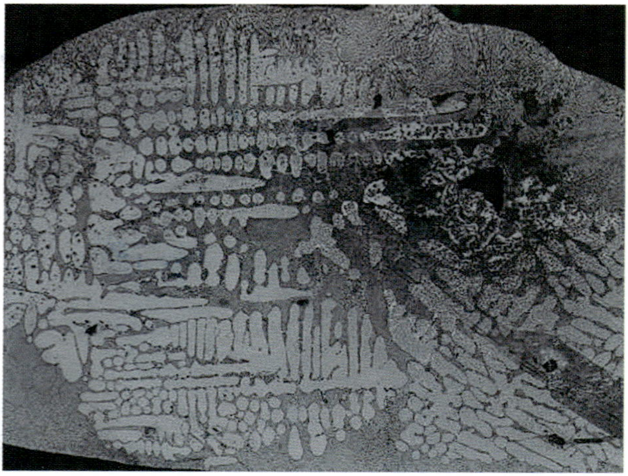

图 1－2－5　一次短路金相组织特征 100X

图 1－2－5 所示的一次短路熔痕金相组织为胞状晶和树枝晶，晶粒较大且稀疏，内部无明显孔洞。

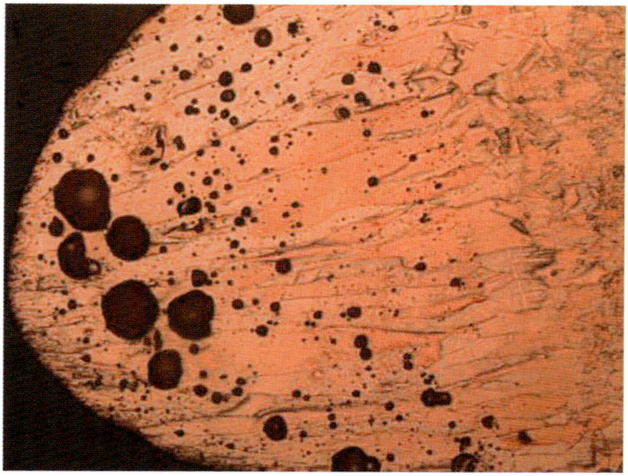

图 1－2－6　一次短路金相组织特征 100X

图1-2-6所示的一次短路熔痕金相组织为细小柱状晶，熔痕与导线基体的金相组织分界明显，熔痕内部分散有较多小缩孔，但线材内部基体无缩孔。

1.3 二次短路痕迹物证特征

1.3.1 二次短路熔痕形成

铜铝导线带电，在外界火焰或高温作用下，导线绝缘层失效而导致的短路现象称为二次短路，其形成的短路熔化后残留的痕迹为二次短路熔痕（Second Short Circuited Melted Marks，SSMs）。

SSMs形成于火灾高温环境中，其短路点及附近导线均受火灾中外界火焰的高温作用，火灾环境中存在大量的灰尘、烟气和各种燃烧产物，冷却速度慢，凝固时间长，结晶完成后晶粒数目少，晶粒粗大，被截留在熔痕内的气体杂质多，夹杂在粗大晶粒中的气孔既大又多，导线熔化部分与线材本体的温度都比较高，过渡区域的温差较小，晶粒界限特征比较模糊。

1.3.2 痕迹外观图谱

二次短路熔痕与一次短路熔痕类似，表面有麻点和小坑，有氧化膜，线与熔痕间无过渡迹象，但二次熔痕表面通常会被熏黑，光泽性差，导线上有微熔变细的痕迹。

图 1－3－1　二次短路熔痕外观特征 10X

图 1－3－1 所示的二次短路熔痕为单股铜导线线端珠状熔痕，熔痕表面覆盖有较多碳化物，熔痕与导线基体部分分界明显。

图 1－3－2　二次短路熔痕外观特征 10X

图1－3－2所示的二次短路熔痕为多股铜导线线端块状熔痕，熔痕表面覆盖有一层碳化层，金属光泽差，且熔痕中部有一个孔洞，熔痕与导线基体的过渡部分不明显。

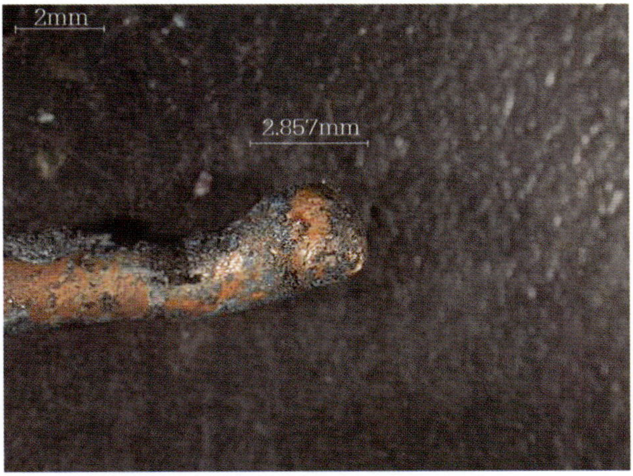

图1－3－3 二次短路熔痕外观特征 10X

图1－3－3所示的二次短路熔痕为单股铜导线线端点状熔痕，熔痕表面有蓝色氧化物覆盖，金属光泽差，熔痕与导线基体部分的分界不明显。

1.3.3 痕迹金相图谱

二次短路熔痕金相显微组织为粗大柱状晶或粗大晶界，内部气孔较大而且比较多，孔洞周围的铜和氧化亚铜共晶体较多而且较明显。

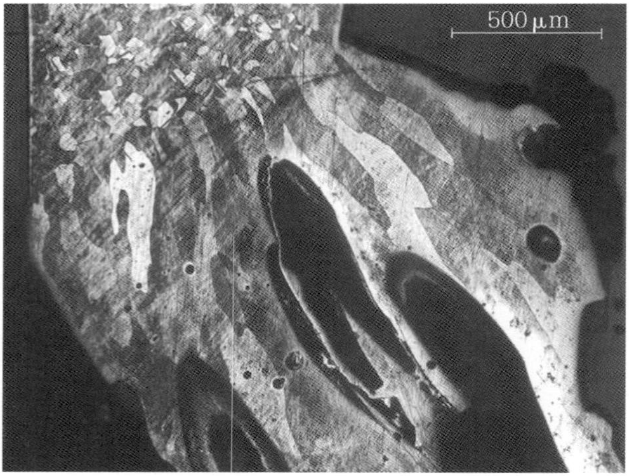

图 1－3－4　二次短路熔痕金相组织特征 50X

图 1－3－4 所示的二次短路熔痕金相组织为粗大的柱状晶，导线基体部分晶体与熔痕部分晶体分界明显。熔痕内部有较大孔洞。

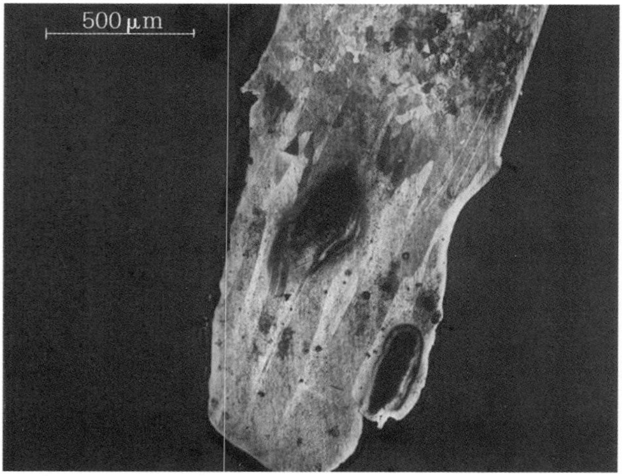

图 1－3－5　二次短路熔痕金相组织特征 50X

图1－3－5所示的二次短路熔痕的金相组织为粗大柱状晶，熔痕内部有孔洞，熔痕与导线基体部分分界不明显。

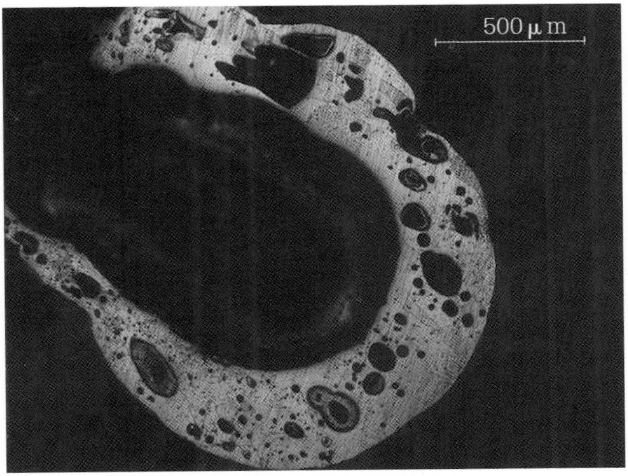

图1－3－6 二次短路熔痕金相组织特征 50X

图1－3－6所示的二次短路熔痕的金相组织为柱状晶，内部有大孔洞，熔痕边缘分布着细小缩孔。

1.4 火烧痕迹物证特征

1.4.1 火烧熔痕形成

铜铝导线在火灾中受火焰或高温作用被熔化后残留的痕迹。

火烧所形成的熔珠较大，通常是线径的1～3倍，尤其是铝线形成的熔珠会更大。熔珠的位置，有的凝结在线端上，也有出现在导线中部的。熔珠表面光滑，无麻点和小坑，具有金属光泽。在整根导线上若干部位因熔化而变细，若干部位因熔化增粗，无固定形状的熔化痕迹。干瘪状熔痕在导线的某一段上因火烧而出现许多干瘪熔坑。多股软线铜芯被火烧之后会黏结难以分开。火烧熔痕的金相组织多为粗大等轴晶，组织内几乎没有孔洞。因为火烧熔痕是在火灾气氛中形成，冷却速度比较缓慢，熔痕形成时，从液态转变到固态，晶核有一个形成与长大的阶段，同时火烧熔痕除了充分地吸收周围氧气而起氧化还原反应之外，大部分气体都会逸出。又因火灾现场温度较高，冷却速度相对缓慢，凝固过程较长，气体溶解的时间较充分，因此组织内部几乎没有孔洞。

1.4.2 痕迹外观图谱

火烧所形成的熔痕较大，表面相对比较光滑，无麻点和小坑。

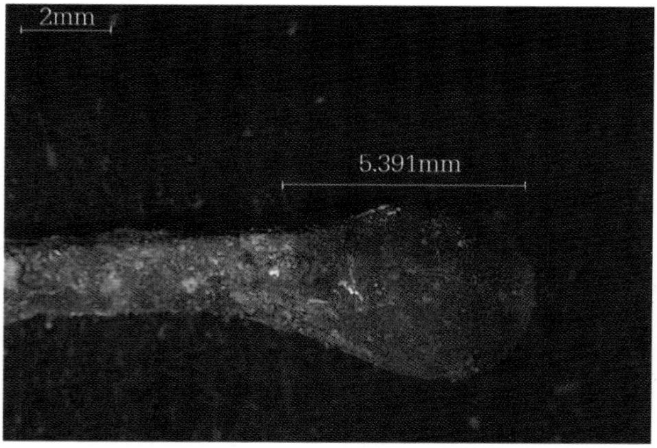

图 1－4－1 火烧熔痕外观特征 10X

图 1－4－1 所示的火烧熔痕为单股铜导线线端珠状熔痕，熔痕体积较大，表面覆盖有一层碳化物。

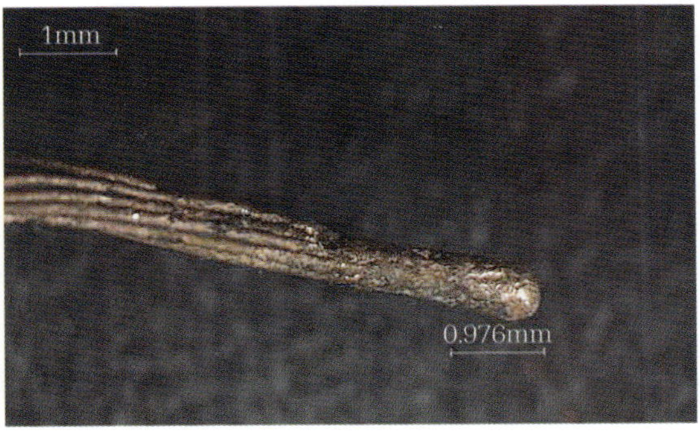

图 1－4－2 火烧熔痕外观特征 20X

图 1－4－2 所示的火烧熔痕为多股铜导线线端粘连的块状熔痕，熔痕表面光滑，有金属光泽。

1.4.3 痕迹金相图谱

火烧熔痕金相显微组织是由粗大的等轴晶组成，金相磨面较光滑，组织内部几乎没有孔洞。

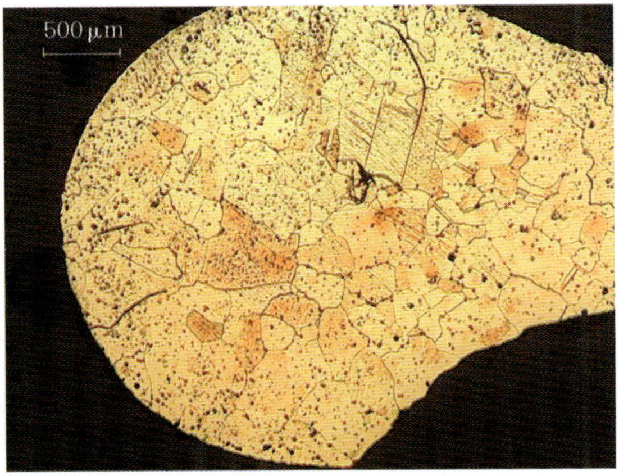

图 1－4－3 火烧熔痕金相组织特征 25X

图 1－4－3 所示火烧熔痕的金相组织为粗大的等轴晶，熔痕内部分布着极细小的缩孔。

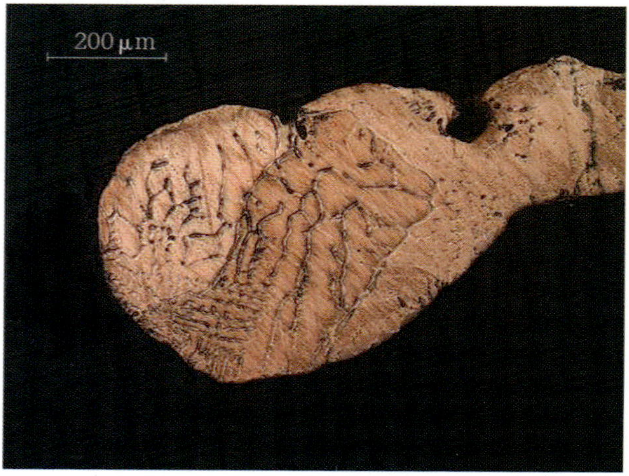

图 1－4－4　火烧熔痕金相组织特征 10X

图 1－4－4 所示火烧熔痕的金相组织为粗大等轴晶，熔痕与导线基体部分存在熔化过渡区，熔化痕迹由熔痕延伸至导线基体。

2　一次短路火灾痕迹物证案例分析

2.1　广州市番禺区——奶茶店火灾

2.1.1　痕迹说明

2010 年，广州市番禺区某奶茶店发生火灾，火灾造成该店铺烧毁。在火灾现场勘验时，于店内铁栅门北侧距门框 0.1 米离地面 1.3 米处发现有悬挂着的带熔痕铜导线，同时在店内西北面墙角地面上发现有电熔痕迹的铜导线。

2.1.2　物证分析

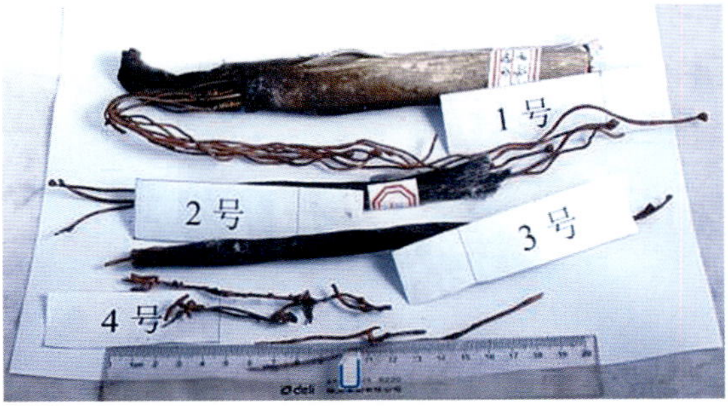

图 2－1－1　检材熔痕

检材说明：依据火灾现场情况，对检材编号为 1 号、2 号、3 号、4 号。通过体视显微镜、视频显微镜的观察分析，从 1 号检材中提取了 1 个特征样品标注为样品 1－1，并进行金相分析。

图 2－1－2　样品 1－1 外观 16X

外观说明：多股铜导线单根铜线芯熔化形成的线端点状熔珠，熔珠颗粒粗大，歪在铜线芯一侧，表面有麻点和小凹坑，有金属光泽，熔珠与导线分界不明显。

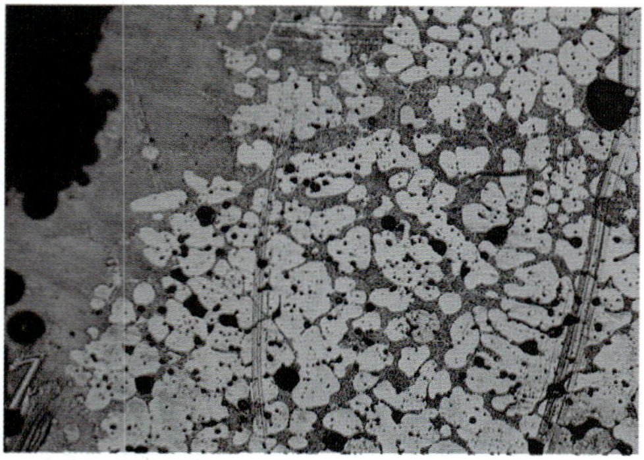

图 2－1－3　样品 1－1 金相组织 100X

金相说明：金相组织具有共晶特征，呈较小胞状晶，晶体呈现熔痕边缘晶体较小且密集、熔痕内部晶体较大的特点。

2.1.3 鉴定结论

经过外观观察和金相组织分析，判定样品 1－1 为一次短路作用形成。

2.2 汕头市潮阳区——住宅楼火灾

2.2.1 痕迹说明

2010 年，汕头市潮阳区某住宅楼一楼发生火灾，过火面积 10 平方米，火灾造成 3 人受伤。经现场勘验，首层距东墙 0.5 米，距北墙 2.3 米的地面上发现 6 段带有电熔痕的多股铜导线。

2.2.2 物证分析

图 2－2－1　1 号检材熔痕

检材说明：送检材料为火场提取的 6 段带有电熔痕的多股铜

导线，并将其封装在包装袋内，送检单位对检材的编号标注为1号。通过体视显微镜、视频显微镜的观察分析，提取3个特征样品分别标注为样品1－1、1－2和1－3，并进行金相分析。

图2－2－2　**样品**1－1 **外观** 12.5X

外观说明：多股铜导线粘连，线端带点状熔痕，熔痕圆润，光泽度强，呈金黄色，连接的多股铜线完全熔化粘连，熔痕与线材分界不明显。

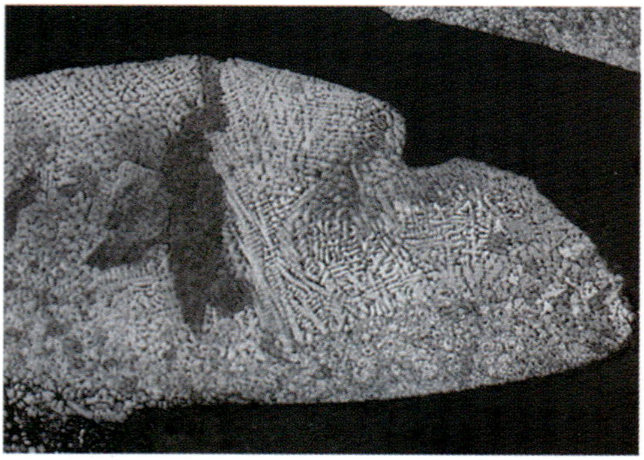

图2－2－3　**样品**1－1 **金相组织** 100X

金相说明：金相组织为树枝晶，熔痕边缘为等轴晶，熔痕内无孔洞。

图 2-2-4 样品 1-2 外观 12.5X

外观说明：多股铜导线形成线端点状熔痕，熔痕光泽度强，呈金黄色，熔珠与多股导线之间没有熔化过渡区。

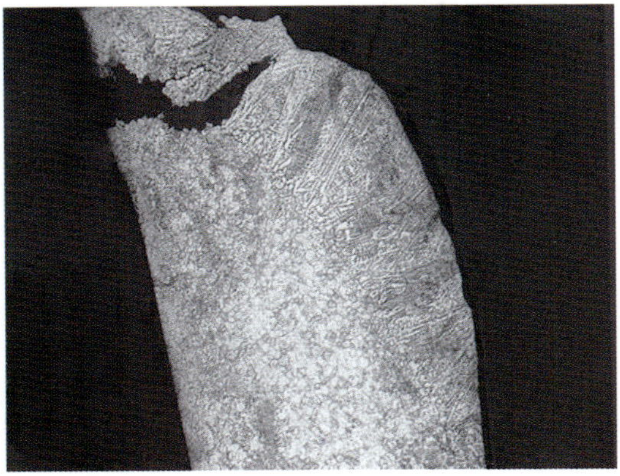

图 2-2-5 样品 1-2 金相组织 100X

金相说明：熔痕金相组织分界明显，其边缘为细条树枝晶，中部为等轴晶，晶体都较小，熔痕内无孔洞。

图 2-2-6　样品 1-3 外观 12.5X

外观说明：多股铜导线形成线端点状熔痕，熔痕光泽度强，连接的多股铜线熔化粘连，并附着有碳迹。

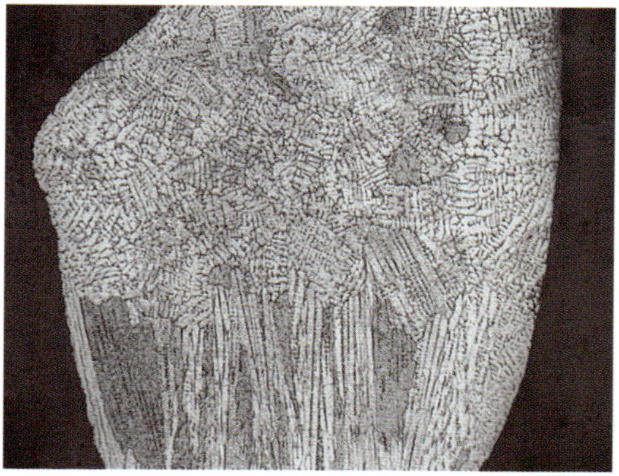

图 2-2-7　样品 1-3 金相组织 100X

金相说明：金相组织主要为树枝晶，熔痕边缘有细长柱状晶，熔痕内部无孔洞。

2.2.3　鉴定结论

经过外观观察和金相组织分析，判定样品 1－1、1－2 以及 1－3 均为一次短路作用形成。

2.3　汕头市澄海区——玩具公司火灾

2.3.1　痕迹说明

2010 年，汕头市澄海区某玩具公司车间南墙发生火灾，在现场距南墙 2.76 米、距西墙 14.85 米处地面提取了日光灯镇流器残骸 1 个，熔珠 9 颗。

2.3.2　物证分析

图 2－3－1　送检检材

检材说明：送检材料为日光灯镇流器残骸 1 个及熔珠 9 颗，对检材的编号标注为 1 号。通过视频显微镜观察分析，提取 1 个特征样品标为样品 1－1，并作金相分析。

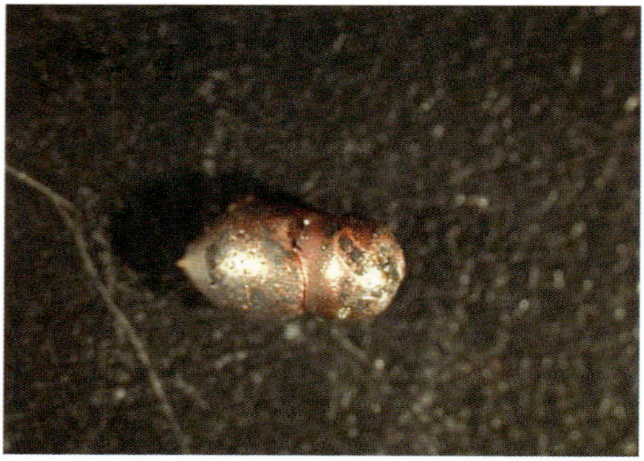

图 2－3－2　样品 1－1 外观 16X

外观说明：两颗熔珠镶嵌粘连在一起，呈棕红色，内侧熔珠表面光滑，外侧熔珠表面有少量小凸起。

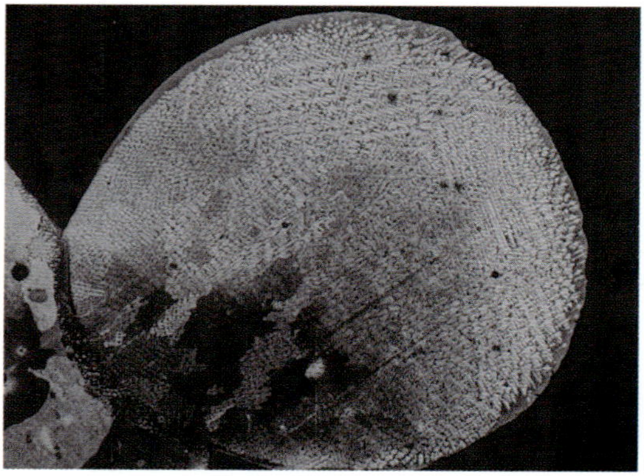

图 2－3－3　样品 1－1 金相组织 50X

金相说明：熔珠金相组织是树枝晶，熔珠边缘组织与中间组织有分界，熔珠金相磨面内部气孔小，数量少。

2.3.3 鉴定结论

经过外观观察和金相组织分析，判定样品 1－1 是一次短路作用形成。

2.4 汕头市澄海区——车间火灾

2.4.1 痕迹说明

2010 年，汕头市澄海区某车间发生火灾。在 A1 幢火灾现场距北墙 4 米、距西墙 4 米向北、西 1.5 米 ×1.5 米处地面提取了熔珠 8 颗。

2.4.2 物证分析

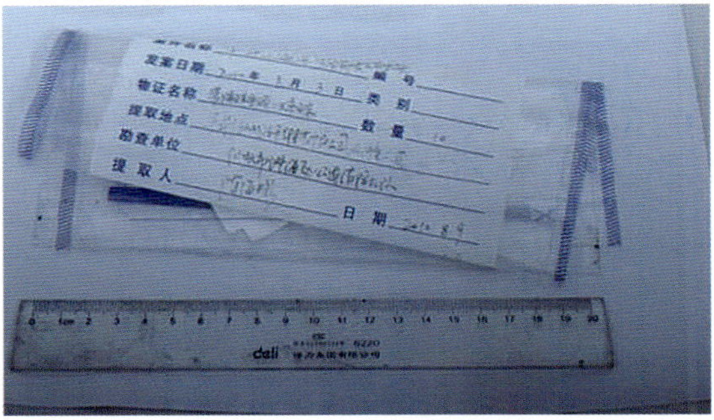

图 2－4－1 送检检材

检材说明：送检材料为8颗熔珠，对检材的编号标注为1号，通过视频显微镜观察分析，提取3个特征样品分别标为样品1-1、1-2和1-3，并作金相分析。

图2-4-2　样品1-1外观20X

外观说明：熔珠呈水滴状，大小熔珠连在一起，熔珠表面光滑，有金属光泽，且分布有深棕色的斑纹。

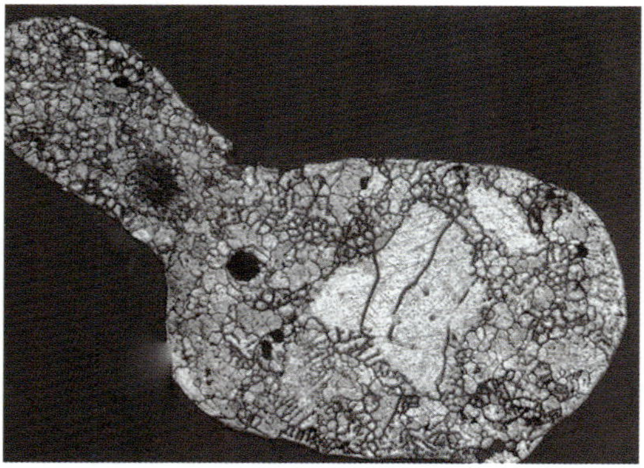

图2-4-3　样品1-1金相组织50X

金相说明：金相组织是胞状晶，熔珠边缘的晶粒直径较小，熔痕中间有较大的等轴晶。

图 2－4－4　样品 1－2 外观 20X

外观说明：熔珠呈球状，表面光滑，有光泽。

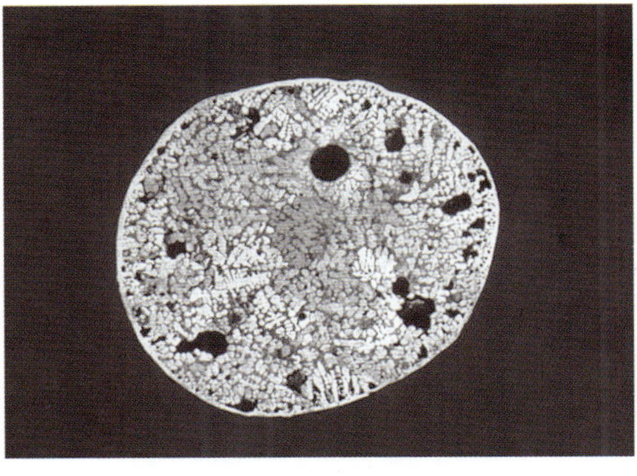

图 2－4－5　样品 1－2 金相组织 50X

金相说明：熔痕边缘金相组织为胞状晶，熔痕中间有少量树枝晶，有少量孔洞，且孔洞较圆。

图 2－4－6　样品 1－3 外观 25X

外观说明：熔珠直径最小，表面光滑，具有金属光泽，有少量碳迹。

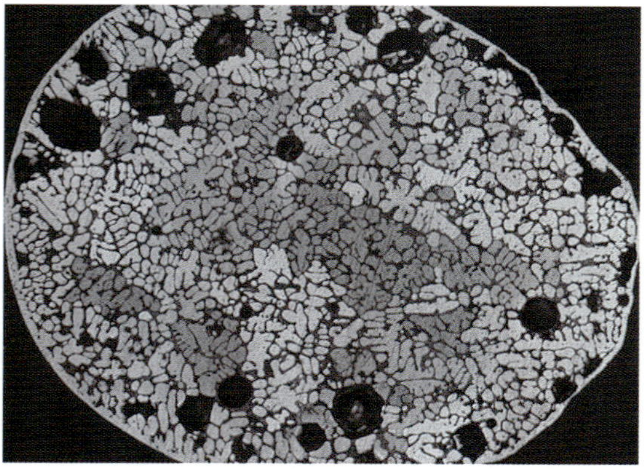

图 2－4－7　样品 1－3 金相组织 100X

金相说明：金相组织是胞状晶，边缘有较多孔洞。

2.4.3 鉴定结论

经过外观观察和金相组织分析，判定样品1－1、1－2以及1－3均为一次短路作用形成。

2.5 汕头市澄海区——玩具厂火灾

2.5.1 痕迹说明

2010年，汕头市澄海区某玩具厂发生火灾。在火灾现场距东墙19米、距南墙3米处墙上提取了多股铜导线4段；在距东墙19米、距南墙3米处地面提取了熔珠24颗。

2.5.2 物证分析

图2－5－1 送检检材

检材说明：送检材料包括4段多股铜导线和24颗熔珠，依据送检方要求，通过视频显微镜观察分析，在带熔痕铜导线中提取1个特征样品，标为样品1－1，并作金相分析。

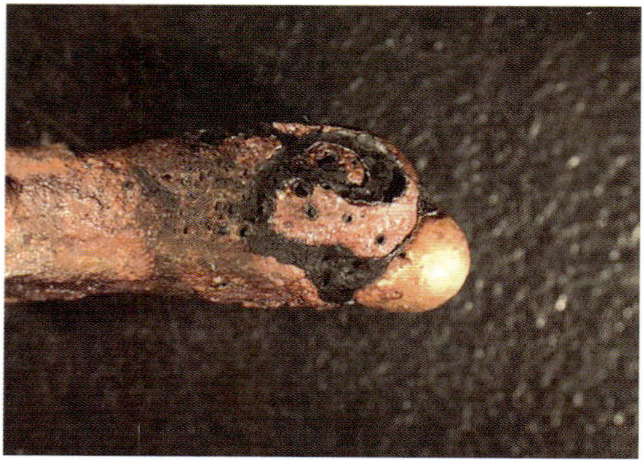

图2－5－2　样品1－1外观12.5X

外观说明：熔痕表面粗糙，凹坑内是黑色灰尘，导线端部熔珠偏向一侧，表面呈黄色。

图2－5－3　样品1－1金相组织50X

金相说明：金相组织是排列整齐的胞状晶，还有少量的树枝晶，熔痕内部有少量孔洞。

2.5.3 鉴定结论

经过外观观察和金相组织分析，判定样品 1－1 为一次短路作用形成。

2.6 汕头市潮南区——住宅火灾

2.6.1 痕迹说明

2011 年，汕头市潮南区某居民家发生火灾，过火面积 30 平方米，火灾造成 3 人死亡。经现场勘验，在首层东墙旁铝合金货柜上靠近楼梯口部位发现带有电熔痕的多股铜导线 4 段。

2.6.2 物证分析

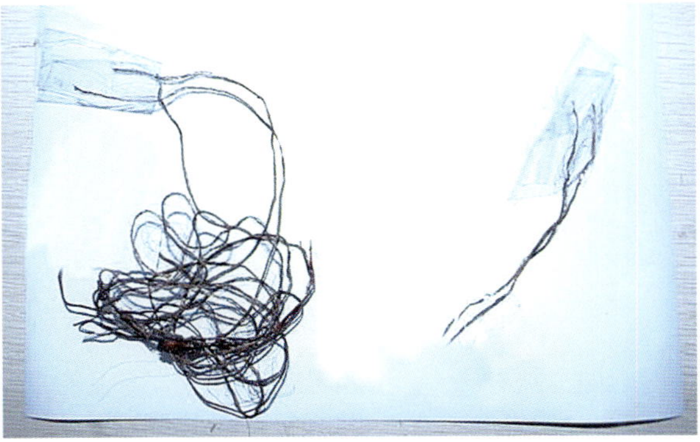

图 2－6－1 送检检材

检材说明：送检材料为4段带有电熔痕的多股铜导线，通过体视显微镜、视频显微镜的观察分析，从检材中提取1个特征样品，编号为样品1－1，并进行金相分析。

图2－6－2　样品1－1外观16X

外观说明：铜导线线端部有点状熔珠，熔珠与导线基体交接处有明显的熔化和未熔化的分界线，熔痕圆润光滑，光泽度强。

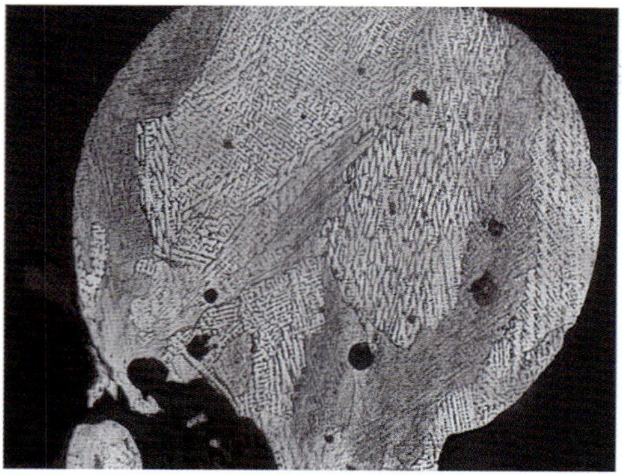

图2－6－3　样品1－1金相组织100X

金相说明：金相组织为细小树枝晶，组织分层分界明显，有少量孔洞，孔洞较圆。

2.6.3 鉴定结论

经过外观观察和金相组织分析，判定样品 1－1 为一次短路作用形成。

2.7 汕头市潮阳区——纸厂火灾

2.7.1 痕迹说明

2011 年，汕头市潮阳区某纸业有限公司厂房发生火灾，过火面积 4 500 平方米，火灾未造成人员伤亡。经现场勘验，距锅炉回水泵房西墙 4.3 米，距锅炉房南侧仓库北墙 0.6 米，距地面 1.2 米的纸灰堆上发现大量喷溅熔珠。

2.7.2 物证分析

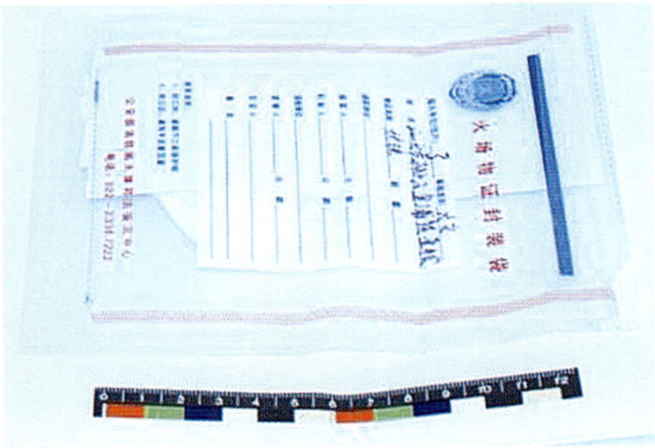

图 2－7－1　送检检材

检材说明：送检材料是铜熔珠，通过视频显微镜观察分析，从检材喷溅熔珠中提取出 3 个特征样品，分别标为样品 1 – 1、1 – 2 和 1 – 3，并对提取的特征样品作金相分析。

图 2 – 7 – 2　样品 1 – 1 外观 12. 5X

外观说明：熔珠为规则的球体，表面平整，有金属光泽。

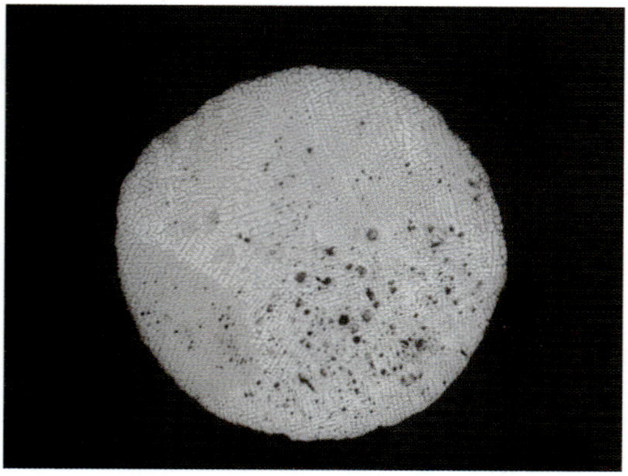

图 2 – 7 – 3　样品 1 – 1 金相组织 25X

金相说明：金相组织是排列整齐的树枝晶，有少量孔洞，孔洞较小，比较圆。

图 2-7-4　样品 1-2 外观 12.5X

外观说明：熔珠是扁平状球体，表面有若干颜色较深的斑点，有金属光泽。

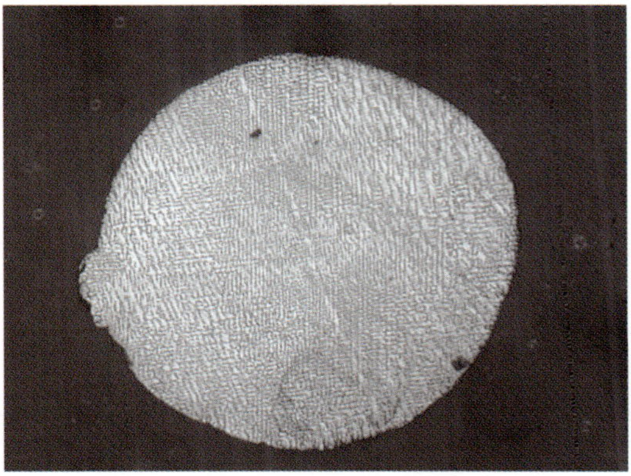

图 2-7-5　样品 1-2 金相组织 25X

金相说明：金相组织是整齐的树枝晶，孔洞数量少，而且较小。

图 2－7－6　样品 1－3 外观 12. 5X

外观说明：三颗不同形状的熔珠，一颗为半球形，一颗为椭球形，另一颗为大小不同的球体粘连形成。

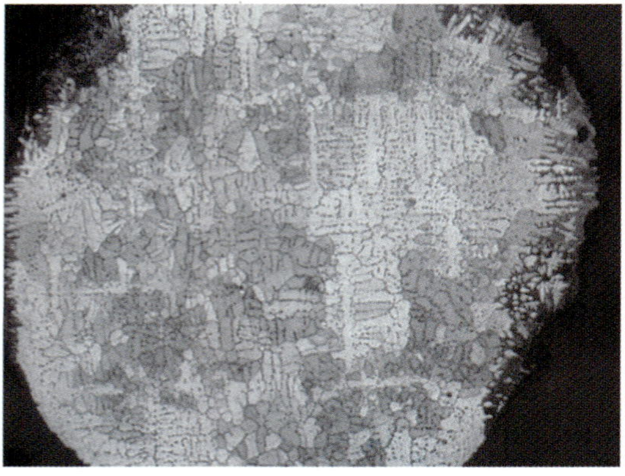

图 2－7－7　样品 1－3 金相组织 50X

金相说明：金相组织均为整齐的胞状晶和树枝晶，无孔洞。

2.7.3 鉴定结论

经过外观观察和金相组织分析，判定样品 1－1、1－2 以及 1－3 是一次短路作用形成。

2.8 广州市花都区——工作间火灾

2.8.1 痕迹说明

2011 年，广州市花都区一工作间发生火灾。火灾过火面积约 288 平方米，火灾未造成人员伤亡。在火灾现场提取了电线熔痕等痕迹物证。

2.8.2 物证分析

图 2－8－1 送检检材

检材说明：送检材料为熔珠和两段熔痕，通过视频显微镜观察分析，从送检检材上提取 3 个特征样品，分别标为样品 1－1、1－2 和 1－3，并对提取的特征样品作金相分析。

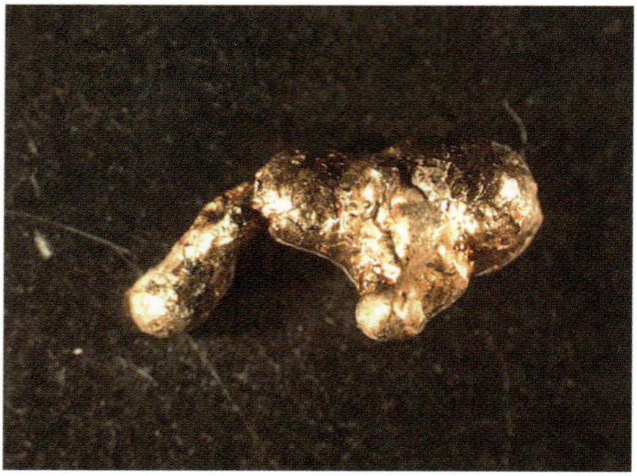

图 2－8－2　样品 1－1 外观 12.5X

外观说明：熔痕形状不规则，表面光泽度高。

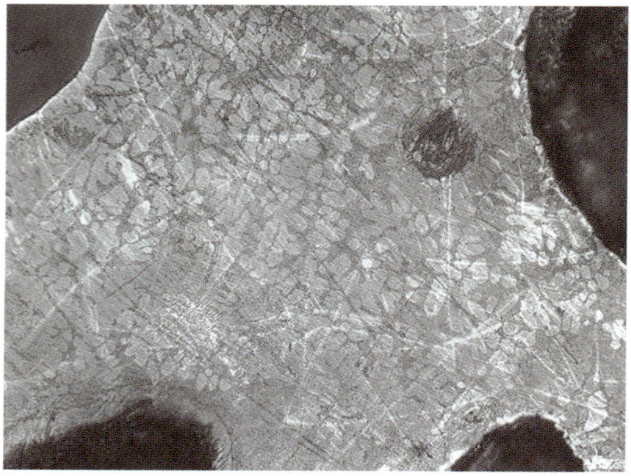

图 2－8－3　样品 1－1 金相组织 100X

金相说明：金相组织为排列整齐的胞状晶，无孔洞。

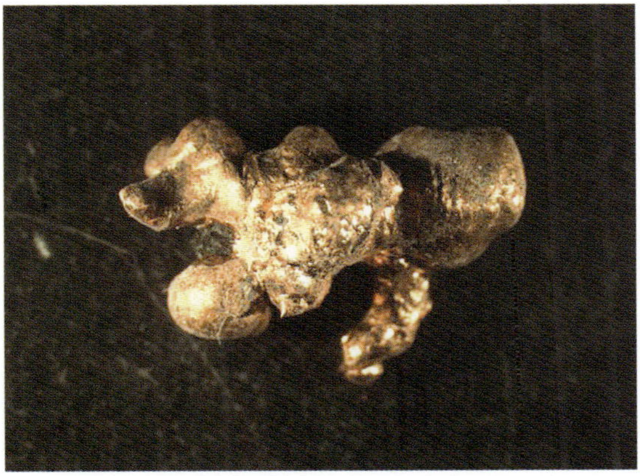

图 2－8－4　样品 1－2 外观 12.5X

外观说明：熔痕为若干熔珠粘连形成，形状不规则，表面有少量灰尘，有金属光泽。

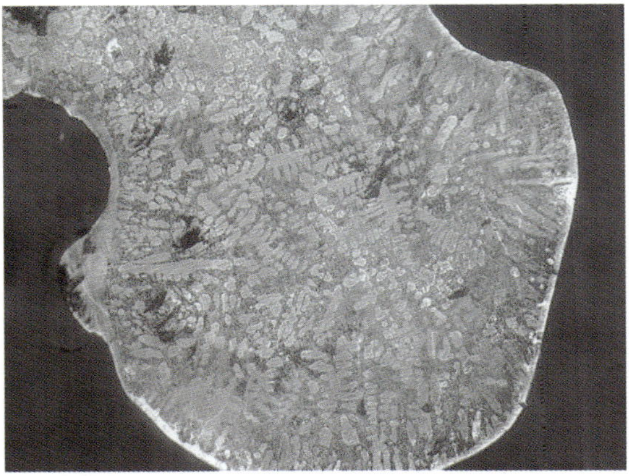

图 2－8－5　样品 1－2 金相组织 100X

金相说明：金相组织为排列整齐的胞状晶，熔痕内部有孔洞，孔洞形状不规则，大小差异较大。

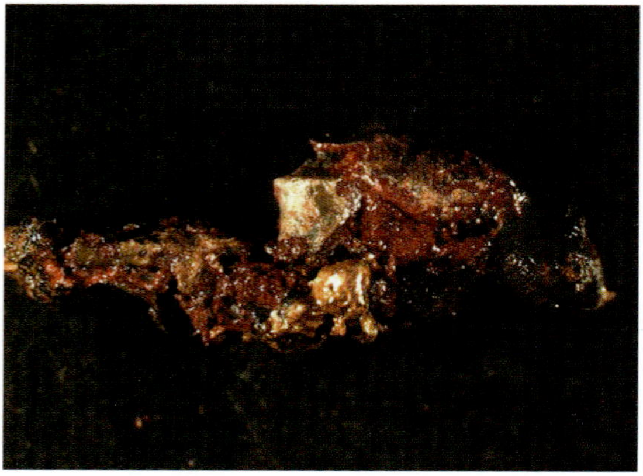

图 2-8-6　样品 1-3 外观 12.5X

外观说明：熔痕表面被棕红色物质覆盖，表面有孔洞。

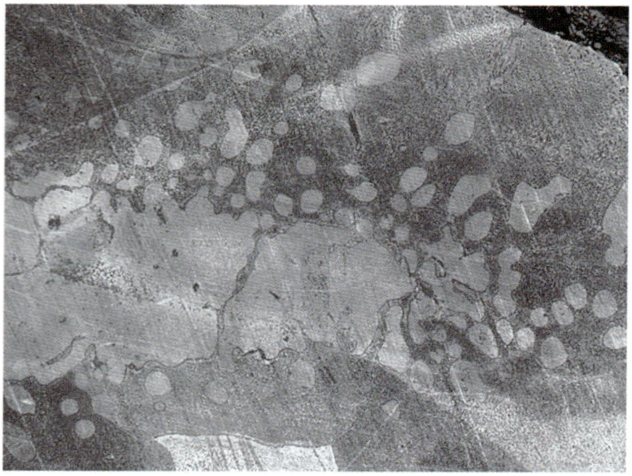

图 2-8-7　样品 1-3 金相组织 100X

金相说明：金相组织是胞状晶，无孔洞。

2.8.3 鉴定结论

经过外观观察和金相组织分析，判定样品 1－1、1－2 以及 1－3 是一次短路作用形成。

2.9 中山市坦洲镇——仓库火灾

2.9.1 痕迹说明

2011 年，中山市坦洲镇某仓库发生火灾。火灾调查人员在 C 栋4 楼夹层仓库内北侧离地面1.57 米架空线槽处提取了多股铜导线3 条。

2.9.2 物证分析

图2－9－1 送检检材

检材说明：送检材料为多股铜导线。通过体视显微镜、视频显微镜的观察分析，从检材中提取 1 个特征样品，标为样品 1－1，并进行金相分析。

图 2-9-2　样品 1-1 外观 16X

外观说明：为线段中部流淌形成熔珠，底色光泽度强，熔珠圆润光滑，熔珠下部有电打凹痕。

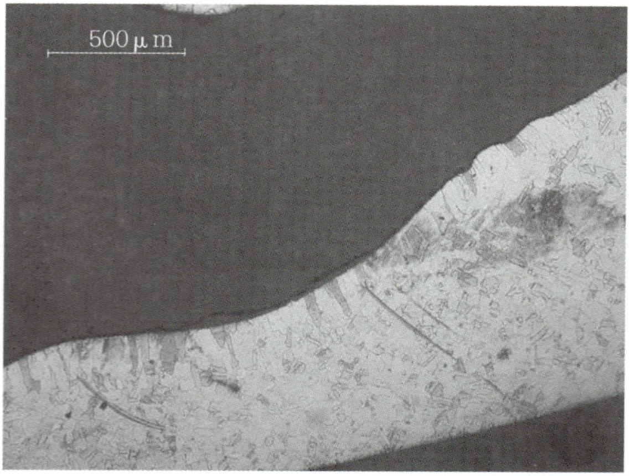

图 2-9-3　样品 1-1 金相组织 50X

金相说明：凹痕金相组织为细小柱状晶，熔化与非熔化的线材组织晶界明显。

2.9.3 鉴定结论

经过外观观察和金相组织分析，判定样品 1－1 是一次短路作用形成。

2.10 河源市临江镇——居民住宅火灾

2.10.1 痕迹说明

2011 年，河源市临江镇某居民住宅发生火灾。烧毁两座工棚，棚内物品烧毁，整个结构坍塌，过火面积约 520 平方米。在燃烧残骸中提取带熔痕的多股铜导线进行检测。

2.10.2 物证分析

图 2－10－1　送检检材

检材说明：送检材料是一段多股铜导线。通过视频显微镜观察分析，提取1个特征样品，标为样品1-1，并作金相分析。

图2-10-2　样品1-1外观12.5X

外观说明：形状不规则，表面分布有细密的孔洞，以及红宝石色条纹。

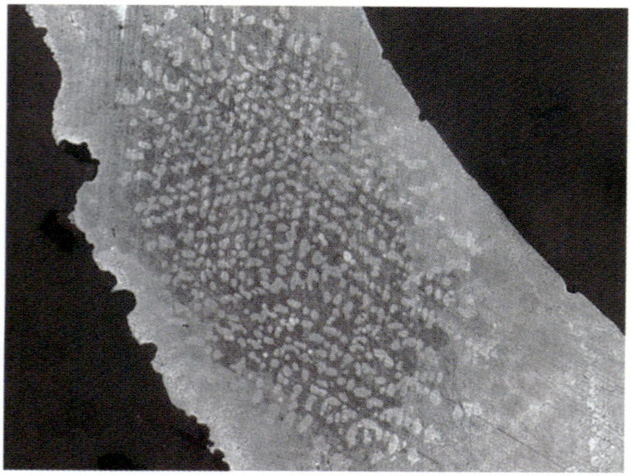

图2-10-3　样品1-1金相组织50X

金相说明：金相组织是排列整齐的胞状晶，没有孔洞。

2.10.3 鉴定结论

经过外观观察和金相组织分析，判定样品 1－1 为一次短路作用形成。

2.11 汕头市澄海区——仓库火灾

2.11.1 痕迹说明

2011 年，汕头市澄海区某仓库发生火灾。在火灾现场提取带熔痕的导线 2 根，熔珠 13 颗。

2.11.2 物证分析

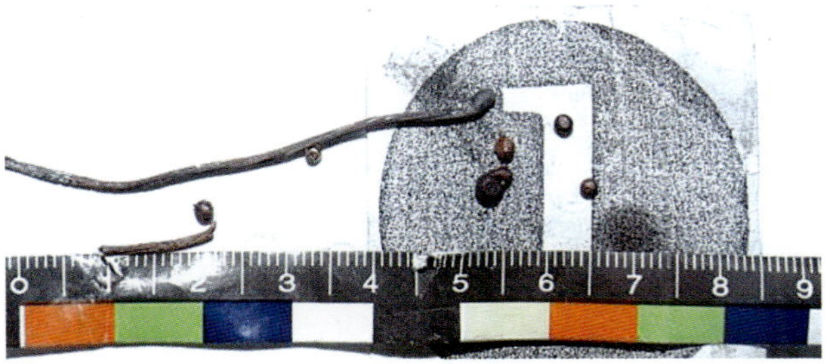

图 2－11－1 1 号检材样品提取位置

检材说明：带熔痕的铜导线高温烧损严重，13 颗熔珠大小不一，检材编号为 1 号。通过体视显微镜、视频显微镜的观察分析，从检材中共提取 2 个样品，标号为样品 1－1、1－2，并进行金相分析。

图 2－11－2　**样品 1－1 外观** 10X

外观说明：样品为喷溅熔珠，熔珠颗粒粗大，表层圆润光滑，光泽度强，有纹理。

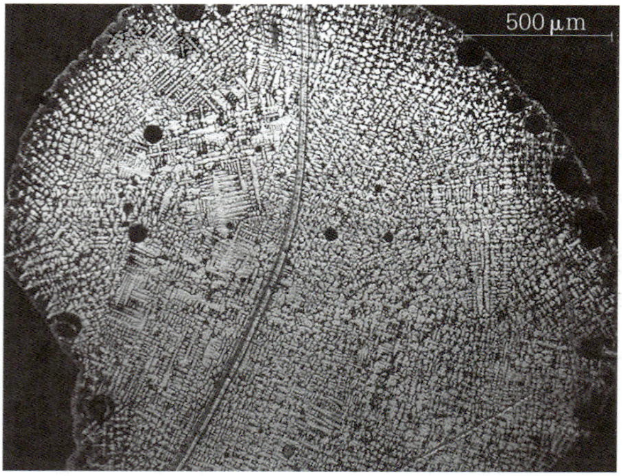

图 2－11－3　**样品 1－1 金相组织** 100X

金相说明：金相组织为树枝晶，有少量缩孔。

图 2-11-4　样品 1-2 外观 10X

外观说明：样品为喷溅熔珠，表层圆润光滑，光泽度强。

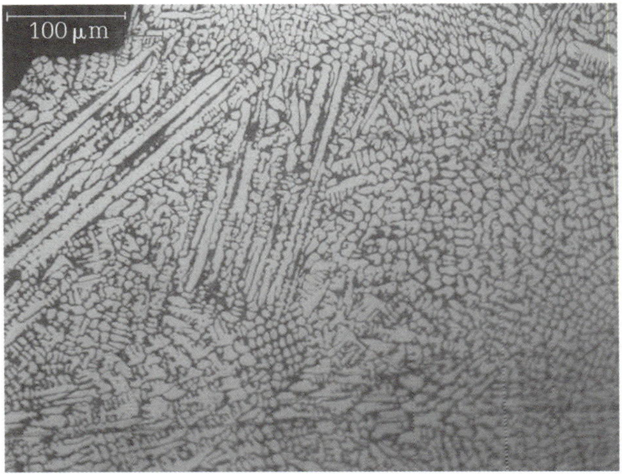

图 2-11-5　样品 1-2 金相组织 100X

金相说明：金相组织为树枝晶，熔痕内部没有孔洞。

2.11.3 鉴定结论

经过外观观察和金相组织分析，判定样品 1－1 和 1－2 为一次短路作用形成。

2.12 佛山市南海区——住宅火灾

2.12.1 痕迹说明

2012 年，佛山市南海区某住宅发生火灾。火灾过火面积约 4 平方米，烧毁电箱及杂物一批。从火场提取带熔痕的铜导线和喷溅熔珠进行鉴定。

2.12.2 物证分析

图 2－12－1　1 号检材

图 2－12－2　2 号检材

检材说明：送检材料为短导线和熔珠，提取 2 个特征样品，分别标为样品 1－1、2－1 和 2－2，并对提取的样品作金相分析。

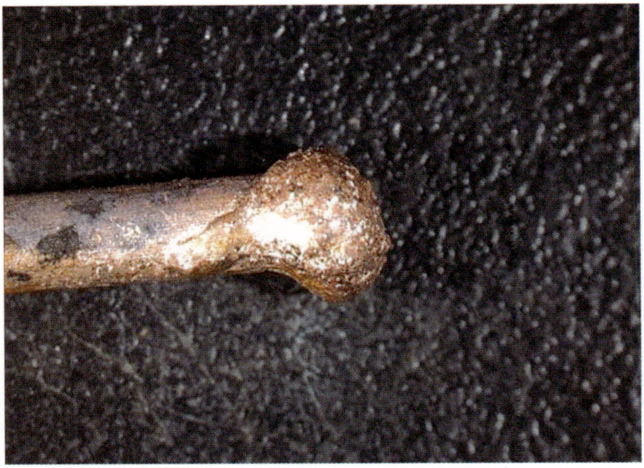

图 2－12－3　样品 1－1 外观 10X

外观说明：熔痕顶端呈蘑菇状，表面凹凸不平，有金属光泽。

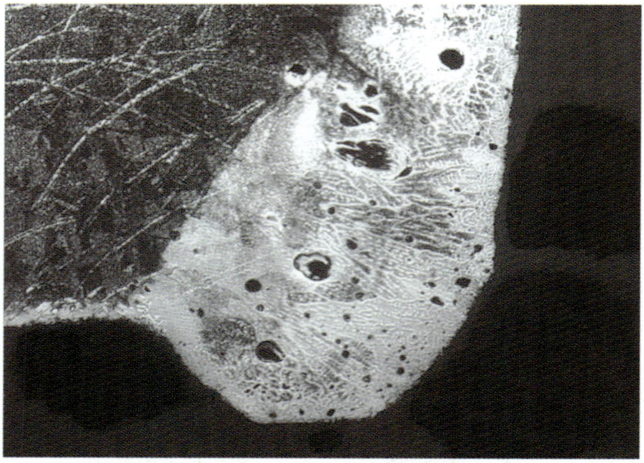

图 2-12-4　样品 1-1 金相组织 50X

金相说明：金相组织是树枝晶，有少量孔洞，有少量缩孔。

图 2-12-5　样品 2-1 外观 10X

外观说明：熔珠是较规则的球体，表面光滑，具有金属光泽。

图2－12－6　样品2－1金相组织25X

金相说明：金相组织是排列整齐的胞状晶，孔洞数量少，且比较小。

图2－12－7　样品2－2外观10X

外观说明：熔痕是大小两个熔珠粘连形成的，表面有较多灰尘。

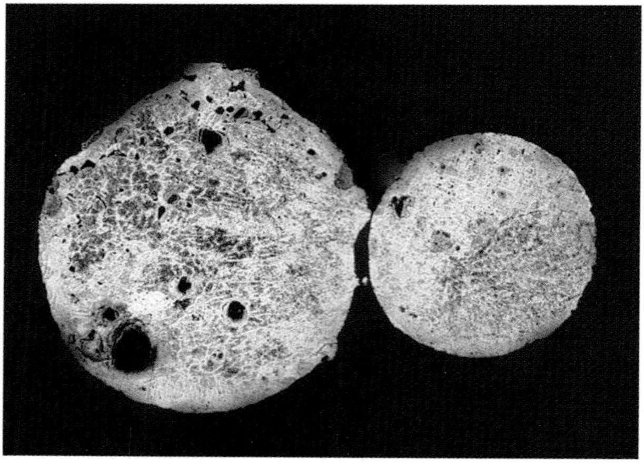

图 2－12－8　样品 2－2 金相组织 25X

金相说明：金相组织是胞状晶，内部有少量孔洞，孔洞较小且圆。

2. 12. 3　鉴定结论

经过外观观察和金相组织分析，判定样品 1－1、2－1 以及 2－2 是一次短路作用形成。

2. 13　惠州市惠阳区——家具厂火灾

2. 13. 1　痕迹说明

2012 年，惠州市惠阳区某家具厂发生火灾。在起火单位车间中部配电房电柜的开关处提取带熔珠的电线一段，在配电房西南面的融合机上提取带熔珠的电线两段。

2.13.2 物证分析

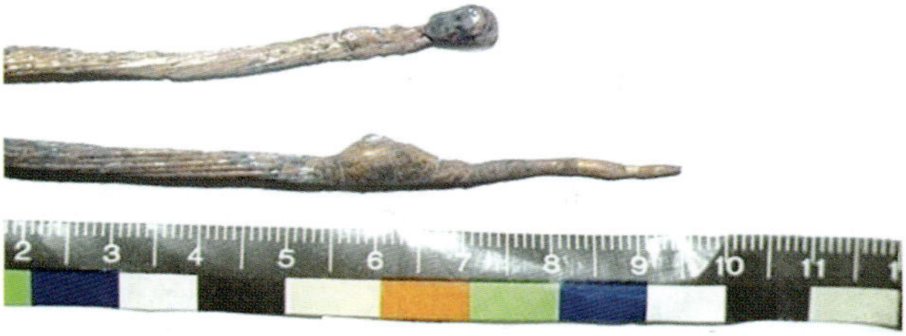

图 2－13－1 检材样品提取位置

检材说明：检材为铜导线，编号为 1 号检材。通过体视显微镜、视频显微镜的观察分析，从检材中提取 1 个样品，标为样品 1－1，并进行金相分析。

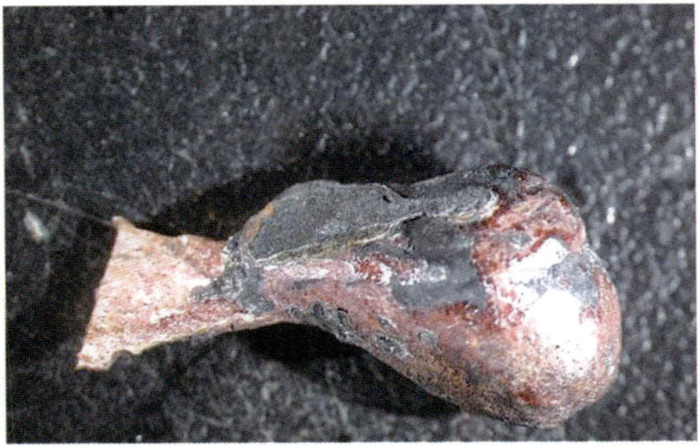

图 2－13－2 样品 1－1 外观 10X

外观说明：熔痕为点状熔珠，熔珠光亮，呈暗红色，具有金属光泽。

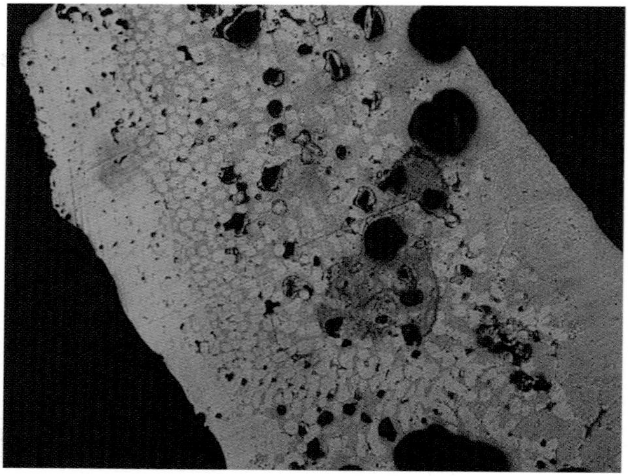

图 2－13－3　样品 1－1 金相组织 25X

金相说明：金相组织为胞状晶，有少量孔洞，孔洞较圆。

2.13.3　鉴定结论

经过外观观察和金相组织分析，判定样品 1－1 是一次短路作用形成。

2.14　广州市白云区——仓库火灾

2.14.1　痕迹说明

2012 年，广州市白云区某仓库发生火灾。在仓库内中间位置提取了带熔痕的实心铜导线。

2.14.2 物证分析

图 2-14-1　1 号检材电线熔痕

检材说明：检材为铜导线，铜导线编号为 1 号检材。通过体视显微镜、视频显微镜的观察分析，从 1 号检材中共提取 1 个样品，编号为样品 1-1，并进行金相分析。

图 2-14-2　样品 1-1 外观 16X

外观说明：熔痕表面附着碳化物，呈黑色，熔痕顶部呈暗红色，具有金属光泽。

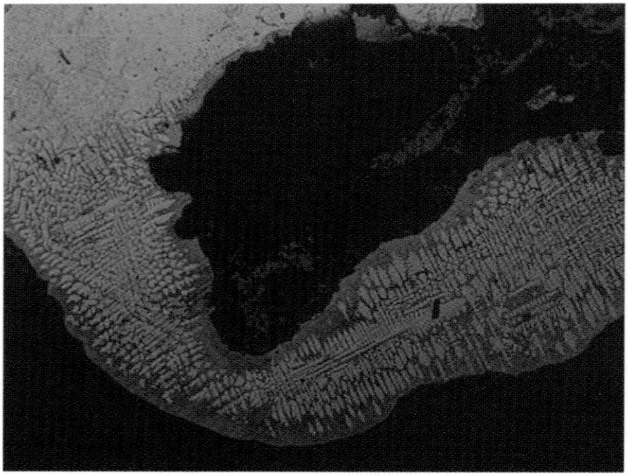

图 2－14－3　样品 1－1 金相组织 50X

金相说明：金相组织为树枝晶，有孔洞。

2.14.3　鉴定结论

经过外观观察和金相组织分析，判定样品 1－1 是一次短路作用形成。

2.15　广州市番禺区——车棚火灾

2.15.1　痕迹说明

2012 年，广州市番禺区某小区车棚发生火灾，火灾烧毁两台摩托车及一台电动自行车，在火灾现场提取带熔痕的导线进行鉴定。

2.15.2 物证分析

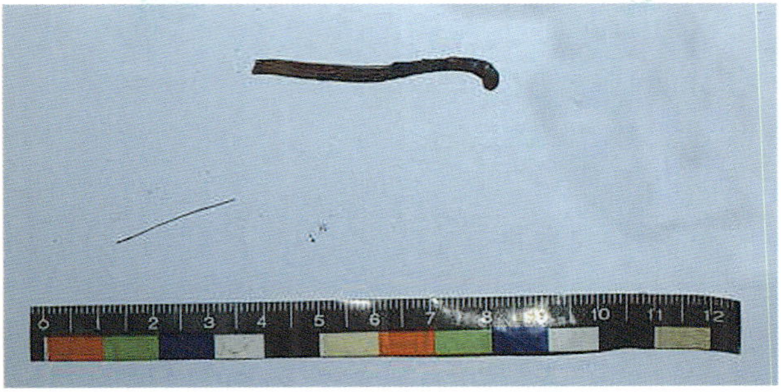

图 2－15－1　1 号检材样品提取位置

检材说明：检材为烧损严重的带熔珠多股铜导线，编号为 1 号。通过体视显微镜、视频显微镜的观察分析，从检材中共提取 1 个样品，编号为样品 1－1，并进行金相分析。

图 2－15－2　样品 1－1 外观 16X

外观说明：样品为多股铜导线线端珠状熔痕，表层光滑圆润，有碳化物覆盖，光泽度强。

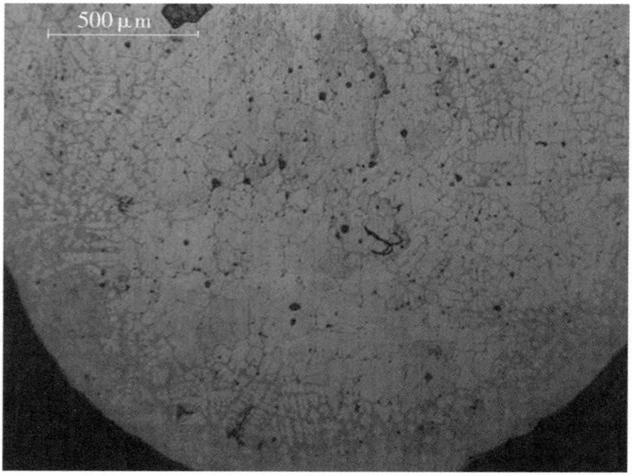

图 2－15－3　样品 1－1 金相组织 50X

金相说明：金相组织为胞状晶，边缘有少量树枝晶。

2.15.3　鉴定结论

经过外观观察和金相组织分析，判定样品 1－1 为一次短路作用形成。

3　二次短路火灾痕迹物证案例分析

3.1　广州市白云区——仓库火灾

3.1.1　痕迹说明

2011 年，广州市白云区某仓库发生火灾。大火烧毁部分建材装饰，火灾中无人员伤亡。在火灾现场仓库东墙第六柱位内侧高出地面 0.5 米处及 1.4 米处分别提取 2 根多股铜线，发现铜线有熔痕。

3.1.2　物证分析

图 3－1－1　1 号检材

图 3－1－2　2 号检材

检材说明：如图 3－1－1、图 3－1－2 所示，检材为不同位置提取的 4 根多股铜线，编号为 1 号、2 号检材。通过视频显微镜观察分析，提取 4 个特征样品，标为样品 1－1、1－2、2－1 和 2－2，并对提取的特征样品作宏观分析和金相分析。

图 3－1－3　样品 1－1 外观 12.5X

外观说明：多股铜导线铜线芯熔化形成线端点状熔珠，熔珠颗粒与线径相似，表面光滑且光泽度很强，熔珠与线材连接处分界过渡非常明显。

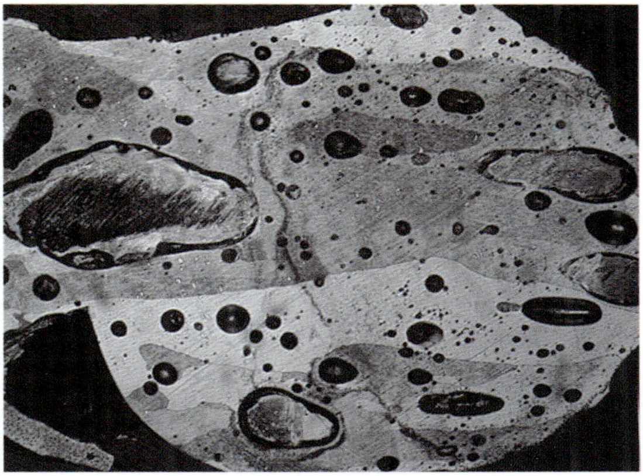

图 3－1－4　样品 1－1 金相组织 100X

金相说明：熔珠内部金相组织呈粗大的柱状晶，内部气孔多而大且不规整，熔化过渡不明显，熔珠晶界较粗大，孔洞周围的铜和氧化亚铜共晶体较多而且较明显。

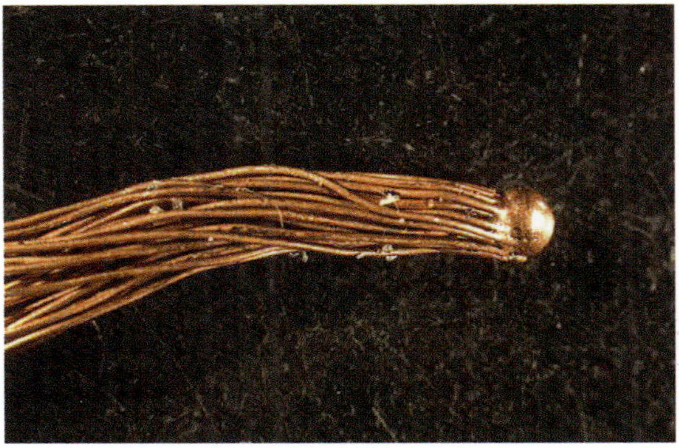

图 3－1－5　样品 1－2 外观 12. 5X

外观说明：多股铜导线线端点状熔珠，熔珠颗粒与线径相似，表面光滑且光泽度很强，熔珠与线材连接处分界过渡非常明显。

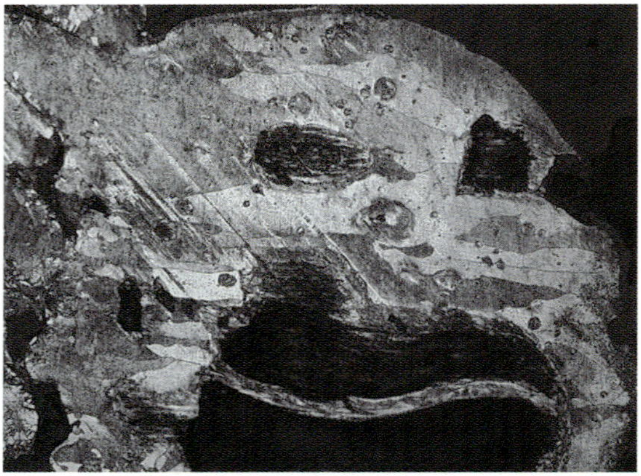

图 3－1－6　样品 1－2 金相组织 100X

金相说明：熔珠内部金相组织晶粒粗大，呈柱状晶，内部气孔多而大且不规整，孔洞周围的铜和氧化亚铜共晶体较多而且较明显。

图 3－1－7　样品 2－1 外观 12.5X

外观说明：多股铜导线线端熔化形成点状熔珠，熔珠表面光滑且光泽度很强，熔珠与线材连接处分界过渡非常明显。

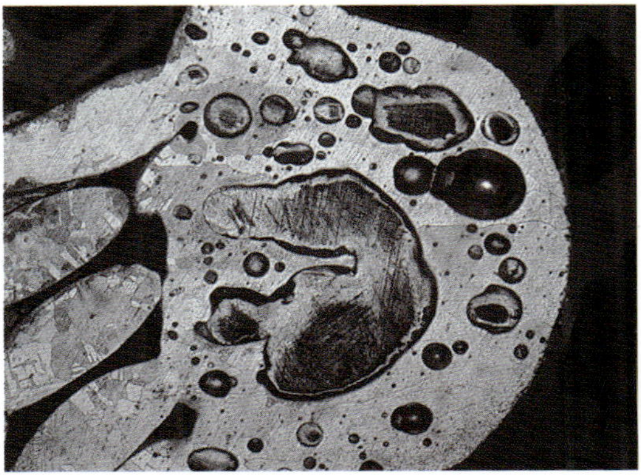

图 3－1－8　样品 2－1 金相组织 50X

金相说明：熔珠内部金相组织呈粗大的柱状晶，内部分布大量的缩孔，大小不一且不规整，孔洞周围的铜和氧化亚铜共晶体较多而且比较明显。

图 3－1－9　样品 2－2 外观 16X

外观说明：多股铜导线线端半球形熔痕，表面光滑且光泽度很强，熔痕与线材连接处分界过渡非常明显，可观察到熔痕上分布有小的缩孔。

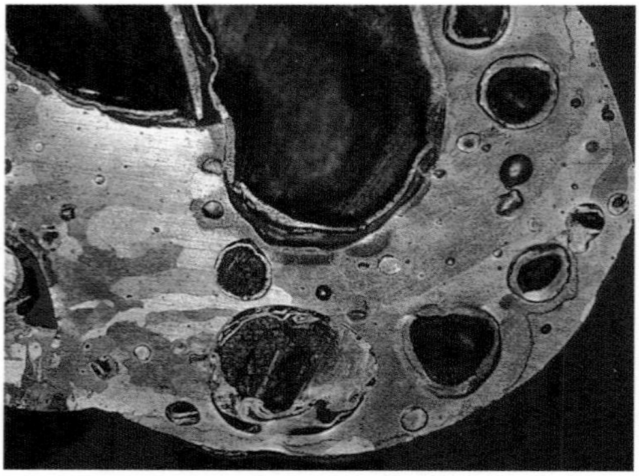

图 3-1-10　样品 2-2 金相组织 100X

金相说明：熔珠内部金相组织呈粗大的柱状晶，内部气孔大且不规整，约占熔珠面积的 50%，孔洞周围的铜和氧化亚铜共晶体较多而且比较明显。

3.1.3　鉴定结论

经过外观观察和金相组织分析，判定样品 1-1、1-2、2-1 以及 2-2 均为二次短路作用形成。

3.2　广州市荔湾区——住宅火灾

3.2.1　痕迹说明

2011 年，广州市荔湾区某住宅发生火灾，过火面积 10 平方米，火灾造成一人死亡，烧毁家具、衣物、电器等物品一批。在卧室西北侧位置提取有电路故障熔痕的多股铜线。

3.2.2 物证分析

图 3 – 2 – 1 1 号检材

图 3 – 2 – 2 2 号检材

检材说明：如图 3 – 2 – 1、图 3 – 2 – 2 所示，检材为不同位置提取的多股铜线，编号为 1 号、2 号检材。通过视频显微镜观察分析，提取 5 个特征样品，标为样品 1 – 1、1 – 2、1 – 3、2 – 1 和 2 – 2，并对提取的特征样品作宏观分析和金相分析。

图 3－2－3　样品 1－1 外观 10X

外观说明：熔痕位于多股铜导线末端，熔痕表面光滑且光泽度很强，与熔痕相连接部分的导线黏结并有碳化物残留，熔痕与导线过渡区分界明显。

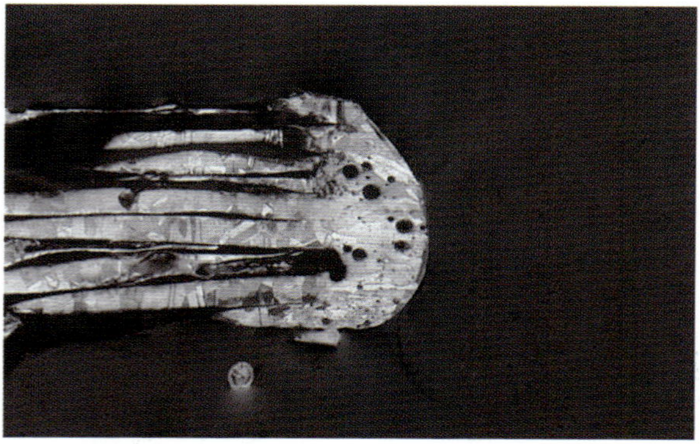

图 3－2－4　样品 1－1 金相组织 25X

金相说明：熔痕内部金相组织呈柱状晶，内部气孔多而大，熔化过渡不明显，熔珠晶界较粗大，孔洞周围的铜和氧化亚铜共晶体较多而且比较明显。

图 3－2－5　样品 1－2 外观 10X

外观说明：存在三个点状熔痕，熔痕分布于铜导线顶端和周围，线径部分表面碳化物较多，光泽度较小；顶端熔痕较光滑，光泽度较高，顶端熔痕比线径略小，分布于线径周围的熔痕较小；宏观上熔痕与线径分界明显，线径部分的多股铜线黏结。

图 3－2－6　样品 1－2 金相组织 25X

金相说明：熔痕内部金相组织呈柱状晶，内部气孔大，有极少量的缩孔，熔痕与线径熔化过渡区分界不明显，熔珠晶界较粗大。

图 3－2－7　样品 1－3 外观 10X

外观说明：熔痕位于多股铜导线末端，熔痕表面有少量孔洞，光泽度较强，多股导线线径变硬，表面覆盖物很少。

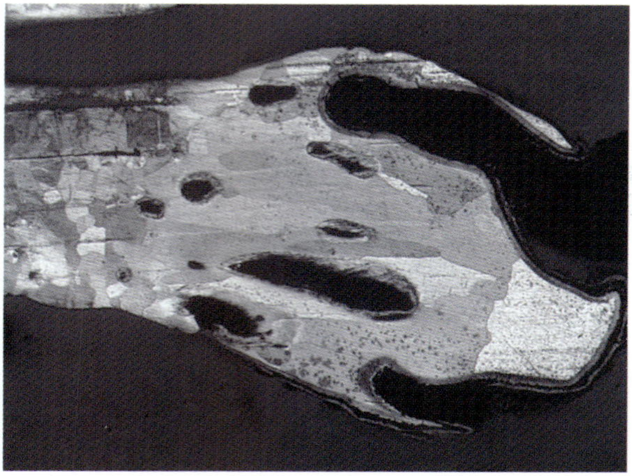

图 3－2－8　样品 1－3 金相组织 50X

金相说明：熔痕内部金相组织为粗大的柱状晶，内部孔洞多且大，形状不规则，形成的孔洞分割金属金相组织，熔痕部分与线径过渡区不清晰。

图 3－2－9 样品 2－1 外观 10X

外观说明：两处熔痕分布于导线末端，熔痕表面较光滑，光泽度强，与熔痕连接部分的线材黏结在一起，熔痕与线材分界明显。

图 3－2－10 样品 2－1 金相组织 50X

金相说明：熔痕内部金相组织为粗大的柱状晶，晶界粗大，熔痕内部孔洞多，形状不规则，形成的孔洞分割金属金相组织，熔痕部分与线径过渡区不清晰。

图 3－2－11　样品 2－2 外观 12. 5X

外观说明：熔痕呈流淌状覆盖于导线末端，表面覆盖有少量黑色碳化物，光泽度较强。

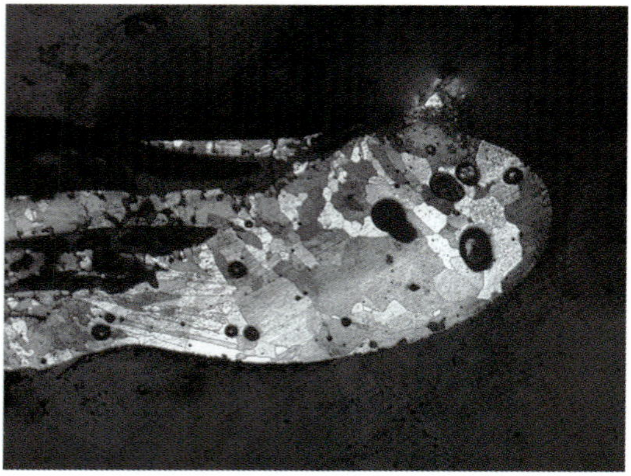

图 3－2－12　样品 2－2 金相组织 50X

金相说明：熔痕内部金相组织为柱状晶和胞状晶，晶界较粗大，内部存在较多孔洞，金相组织被集中的孔洞分割，熔痕与导线衔接处的过渡区分界不明显。

3.2.3 鉴定结论

经过外观观察和金相组织分析，判定样品 1－1、1－2、1－3、2－1 以及 2－2 均为二次短路作用形成。

3.3 潮州市潮安县——公司火灾

3.3.1 痕迹说明

2011 年，潮州市潮安县某公司发生火灾。在中部阁楼墙体的南面墙东侧角落离地面 2 米高处提取多股铜导线，中部阁楼南面墙由东向西约 2.5 米，离地面约 3 米高处提取多股铜导线。

3.3.2 物证分析

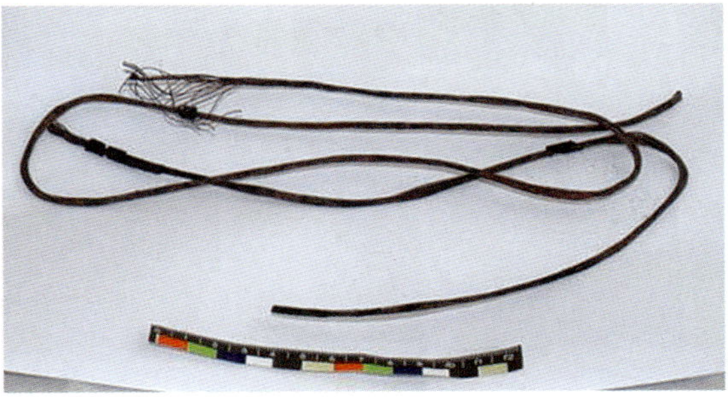

图 3－3－1　1 号送检检材

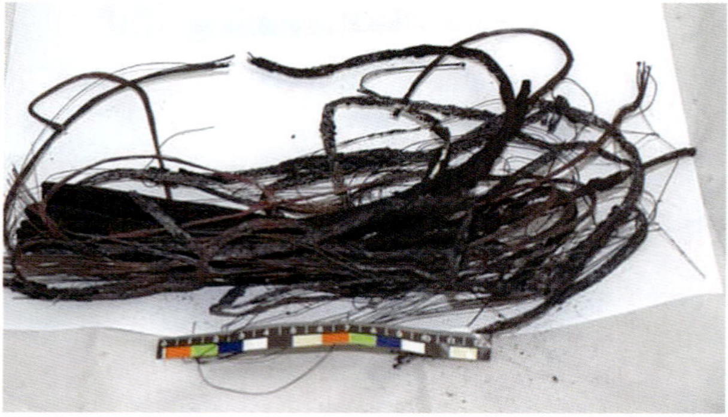

图 3－3－2　2 号送检检材

检材说明：如图 3－3－1、图 3－3－2 所示，检材为不同位置提取的多股铜线，编号为 1 号、2 号检材。通过视频显微镜观察分析，提取 3 个特征样品，标为样品 1－1、2－1 和 2－2，并对提取的特征样品作宏观分析和金相分析。

图 3－3－3　样品 1－1 外观 10X

外观说明：熔痕位于多股铜导线线端，表面较为光滑，光泽度较小，线材部分覆盖有氧化层和大量黑色碳化物，熔痕与线材分界较为明显。

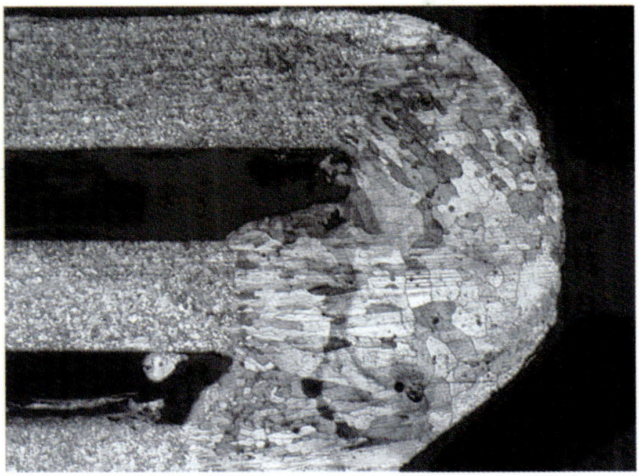

图 3-3-4　样品 1-1 金相组织 50X

金相说明：熔痕内部金相组织为柱状晶和胞状晶，晶界较粗大，熔痕与导线衔接处的过渡区分界不明显。

图 3-3-5　样品 2-1 外观 10X

外观说明：熔痕位于多股铜导线线端，形状不规则，表面覆盖有灰绿色残留物，光泽度较低，线材部分覆盖有氧化层，熔痕与线材分界不太明显。

图 3－3－6　样品 2－1 金相组织 50X

金相说明：熔痕内部金相组织为粗大的柱状晶，晶界粗大，熔痕部分与线径的过渡区不明显。

图 3－3－7　样品 2－2 外观 10X

外观说明：导线有三处点状熔痕，分布于多股导线线端和线径，熔痕表面平整，部分区域有灰尘覆盖，多股导线黏结在一起。

图 3－3－8 样品 2－2 金相组织 50X

金相说明：熔痕内部金相组织为柱状晶，熔痕与导线衔接处的过渡区分界不太明显。

3.3.3 鉴定结论

经过外观观察和金相组织分析，判定样品 1－1、2－1 以及 2－2 均为二次短路作用形成。

3.4 湛江市赤坎区——居民楼火灾

3.4.1 痕迹说明

2012 年，湛江市赤坎区某居民楼一楼发生火灾。在现场一楼大厅西北角提取了一个电饭煲和插座内线4根，接线柱3片。

3.4.2 物证分析

检材说明：如图3－4－1、图3－4－2所示，检材为电饭煲残骸，编号为1号检材。通过视频显微镜观察分析，提取3个特征样品，标为样品1－1、1－2和1－3，并对提取的特征样品作宏观分析和金相分析。

电饭煲高温受损严重，电饭煲里外共两层：内锅、外锅。内锅底部保持完好，上部烧损熔化（图3－4－1），锅带金属顶层保持原色，燃烧迹象从上向下由蔓延作用形成。外锅底部带有加热盘，锅体连接有3根电源线（图3－4－2）。加热盘表面有熔化坍塌迹象（图3－4－3）。加热盘底部沿加热棒有高温熔化迹象（图3－4－4）。

图3－4－1　电饭煲残骸

图3－4－2　外锅残骸

（注：带加热盘和电源线）

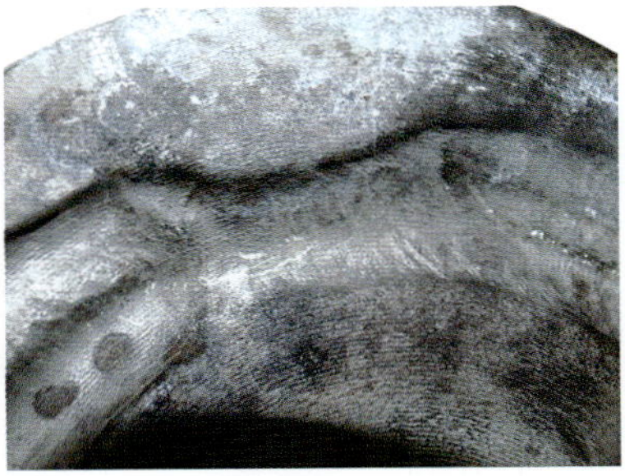

图 3－4－3　加热盘上部熔化坍塌

图 3－4－4　加热盘底部

图 3－4－5　1 号检材样品提取

（注：3 根电源线和外锅连接线，带熔痕）

图 3－4－6　样品 1－1 外观 16X

外观说明：熔痕位于多股导线线端，熔珠圆润，熔珠与线材分界明显，表面覆盖有黑色碳化物，光泽度较低；线材部分导线黏结在一起，表面也覆盖有少量碳化物；熔痕比线径大。

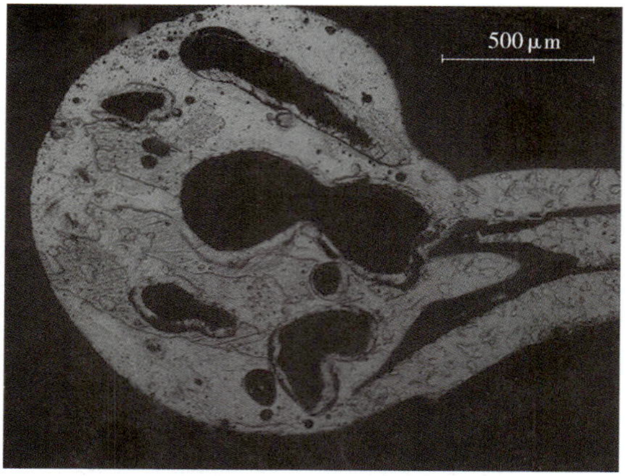

图 3－4－7　样品 1－1 金相组织 50X

金相说明：熔痕内部金相组织为粗大柱状晶，晶界粗大，内部孔洞多且大，孔洞所占面积大，金相组织被孔洞分割，熔痕与导线过渡区分界不明显。

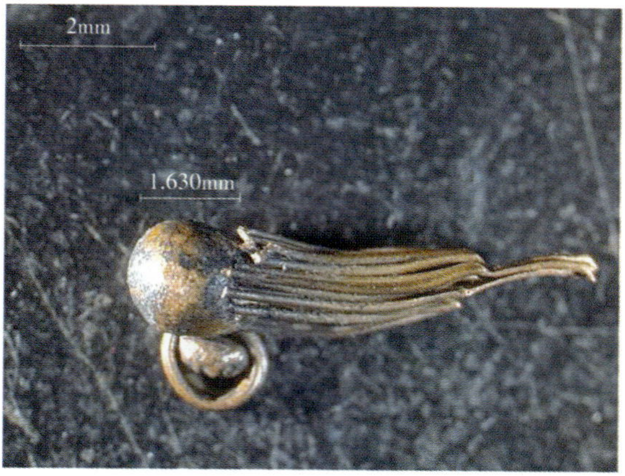

图 3－4－8　样品 1－2 外观 16X

外观说明：点状熔痕位于多股导线线端，熔痕圆润，熔痕及导线表面覆盖有黑色碳化物，与熔痕连接部分的多股铜导线黏结在一起，熔痕与线材分界明显。

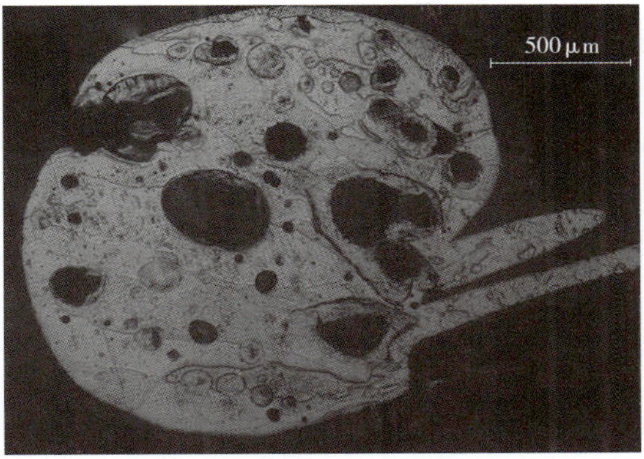

图 3 -4 -9　样品 1 -2 金相组织 50X

金相说明：熔痕内部金相组织为粗大柱状晶，晶界粗大，内部孔洞多且大，金相组织被孔洞分割，熔痕与导线过渡区分界不明显。

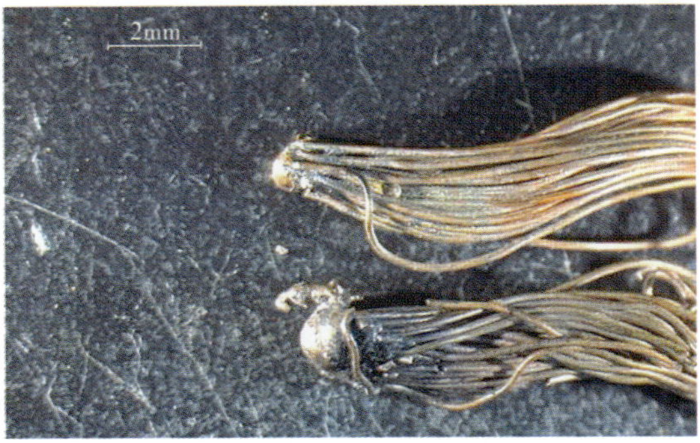

图 3 -4 -10　样品 1 -3 外观 10X

外观说明：点状熔痕位于多股铜导线线端，熔痕圆润，熔痕及导线表面覆盖有少量黑色碳化物，与熔痕连接部分的多股铜导线黏结在一起，熔痕与线材分界明显。

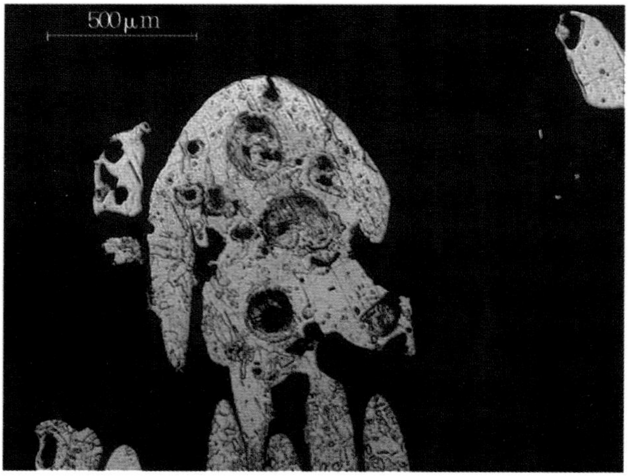

图 3-4-11　样品 1-3 金相组织 50X

金相说明：熔痕内部金相组织为粗大等轴晶，内部存在较多孔洞，孔洞所占面积大，金相组织被孔洞分割，熔痕与线材过渡区分界不明显。

3.4.3　鉴定结论

经过外观观察和金相组织分析，判定样品 1-1、1-2 和 1-3 均为二次短路作用形成。

3.5 中山市阜沙镇——公司车间火灾

3.5.1 痕迹说明

2012 年，中山市阜沙镇某车间发生火灾。在 A1 栋第二层车间北面微波炉成品存放处提取了 5 段单股铜导线。

3.5.2 物证分析

图 3－5－1　1 号检材熔痕

检材说明：如图 3－5－1 所示，检材为 5 段单股铜导线，编号为 1 号检材。通过视频显微镜观察分析，提取 3 个特征样品，标为样品 1－1、1－2 和 1－3，并对提取的特征样品作宏观分析和金相分析。

图 3 - 5 - 2　样品 1 - 1 外观 10X

外观说明：不规则熔痕位于单股铜导线线端，熔痕及相邻线径部分表面有孔洞，表面粗糙并覆盖氧化层及少许碳化物，光泽度较差，熔痕比线径略大。

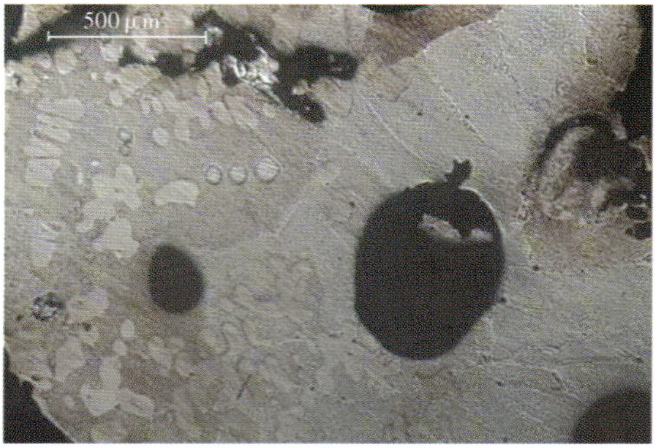

图 3 - 5 - 3　样品 1 - 1 金相组织 50X

金相说明：金相组织为等轴晶与柱状晶，晶界粗大，熔痕内部存在较大孔洞，金相组织被孔洞分割，熔痕与线径部分过渡区不明显。

图 3 -5 -4　样品 1 -2 外观 10X

外观说明：不规则熔痕位于单股铜导线线端，熔痕及相邻线径部分表面有孔洞，表面粗糙并覆盖氧化层及少许碳化物，光泽度较差，熔痕比线径大，熔痕与线径分界不明显。

图 3 -5 -5　样品 1 -2 金相组织 25X

金相说明：熔痕内部金相组织为等轴晶，晶界粗大；熔痕内部有较大孔洞和少量缩孔，大的孔洞将形成的金相组织分割开来，孔洞形状不规则；未看到熔痕与导线基体的过渡区。

图 3－5－6　样品 1－3 外观 10X

外观说明：不规则熔痕位于单股铜导线外缘一侧，熔痕及相邻线径部分表面有孔洞和熔化痕迹，表面粗糙并覆盖氧化层及少许碳化物，光泽度较差，熔痕与线径分界不明显。

图 3－5－7　样品 1－3 金相组织 25X

金相说明：金相组织为等轴晶，晶界粗大，熔痕内部孔洞数量不多但大，熔痕与导线衔接处的过渡区界限不明显。

3.5.3 鉴定结论

经过外观观察和金相组织分析，判定样品 1-1、1-2 和 1-3 是二次短路作用形成。

3.6 广东佛山——出租屋火灾

3.6.1 痕迹说明

2011 年，佛山市某出租屋发生火灾，火灾调查人员在楼上的杂物房房门上方发现一个带有电熔痕的镇流器。

3.6.2 物证分析

图 3-6-1　1 号检材

检材说明：如图 3-6-1 所示，检材为带熔痕的镇流器，编号为 1 号检材。送检的镇流器铁片和外壳均完好，没有发现熔痕。铜线圈表面一侧有三处熔痕点，熔痕较小。通过视频显微镜观察分析，提取 2 个特征样品，标为样品 1-1、1-2，并对提取的特征样品作宏观分析和金相分析。

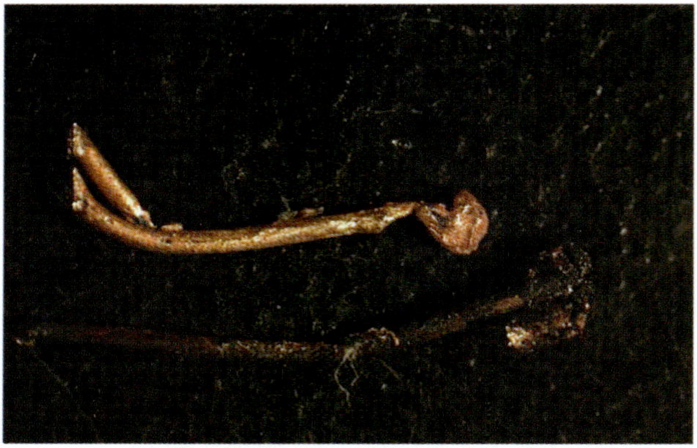

图 3－6－2　样品 1－1 外观 25X

外观说明：单股铜导线铜线芯熔化形成线端不规则熔痕，熔痕颗粒比线径大，表面不平整且光泽度较弱，熔痕与线材连接处分界过渡不明显。

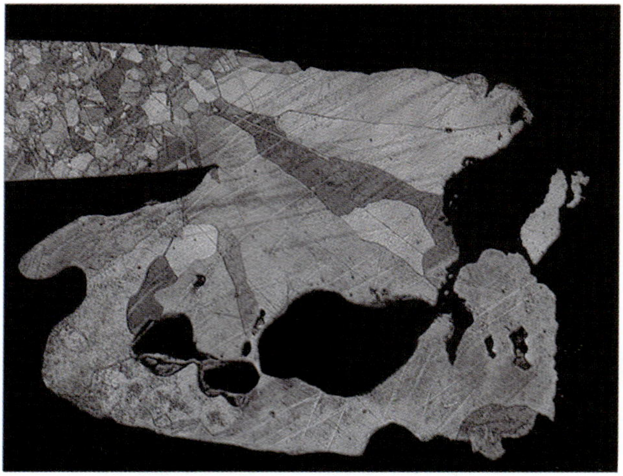

图 3－6－3　样品 1－1 金相组织 100X

金相说明：熔珠内部金相组织呈粗大的柱状晶，内部气孔多而大且不规整，所占面积较大，金相组织被孔洞分割，熔化过渡不明显，熔痕晶界较粗大。

图 3－6－4　样品 1－2 外观 25X

外观说明：熔痕为两股线熔化粘连，熔痕末端有金属突起，表面粗糙无光泽，熔痕与线材连接处分界过渡不明显。

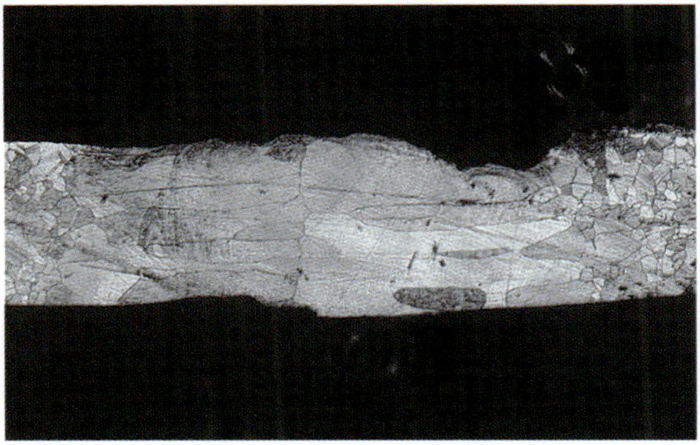

图 3－6－5　样品 1－2 金相组织 100X

金相说明：熔痕内部金相组织呈粗大的柱状晶，熔化过渡不明显，熔珠晶界较粗大，孔洞周围的铜和氧化亚铜共晶体较多而且较明显。

3.6.3 鉴定结论

经过外观观察和金相组织分析，判定样品 1－1、1－2 均为二次短路作用形成。

3.7 广东佛山——住宅火灾

3.7.1 痕迹说明

2011 年，佛山市一住宅发生火灾，火灾调查人员在现场睡房插座下方地面提取了两段带熔痕的铜导线。

3.7.2 物证分析

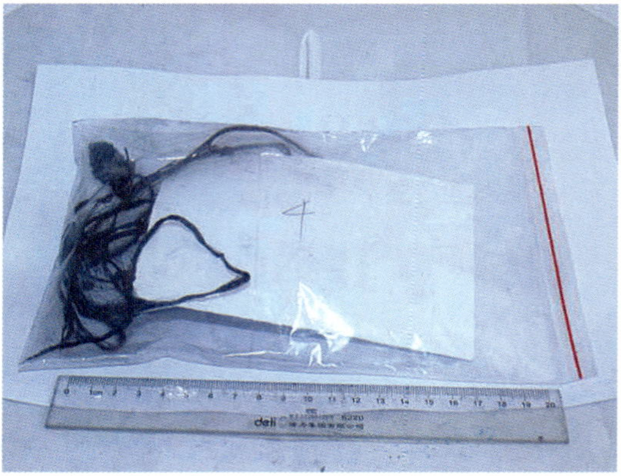

图 3－7－1 1 号检材

检材说明：如图 3 – 7 – 1 所示，检材为插座下方提取的多段多股铜线，编号为 1 号检材。通过视频显微镜观察分析，提取两个特征样品，标为样品 1 – 1、1 – 2，并对提取的特征样品作宏观分析和金相分析。

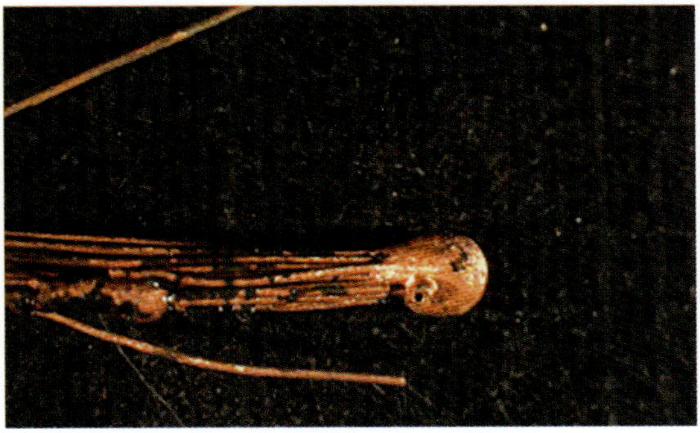

图 3 – 7 – 2　**样品** 1 – 1 **外观** 16X

外观说明：多股铜导线铜线芯熔化形成水滴状熔珠，熔珠颗粒较小，表面有孔洞，光泽度较强，熔珠与线材连接处分界过渡非常明显；导线表面有灰尘和浅绿色氧化物，多股黏结在一起。

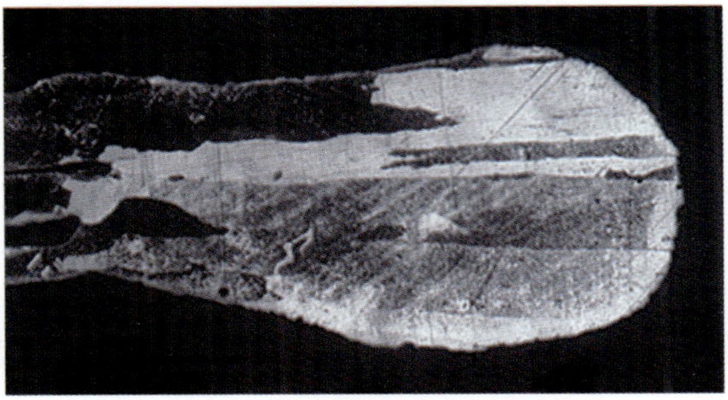

图 3 – 7 – 3　**样品** 1 – 1 **金相组织** 50X

金相说明：熔珠内部金相组织呈粗大的柱状晶，熔化过渡不明显，熔珠晶界较粗大。

图 3－7－4　样品 1－2 外观 16X

外观说明：多股铜导线铜线芯熔化并在线端形成点状熔珠，熔珠颗粒与线径相似，表面粗糙，光泽度较弱，熔珠与线材连接处分界过渡较为明显，与短路熔痕相连接的导线黏结在一起。

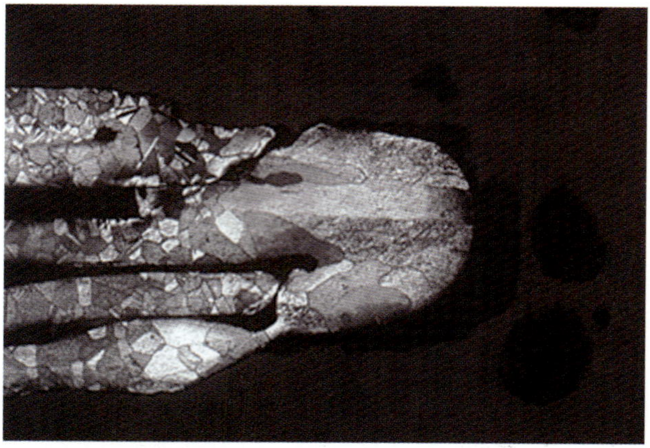

图 3－7－5　样品 1－2 金相组织 50X

金相说明：熔珠内部金相组织晶粒粗大，呈柱状晶，晶界粗大。

3.7.3 鉴定结论

经过外观观察和金相组织分析，判定样品 1－1、1－2 均为二次短路作用形成。

3.8 广东江门——楼房火灾

3.8.1 痕迹说明

2011 年，江门市某楼房首层发生火灾，火灾调查人员在现场阁楼处提取了 2 根铜导线。

3.8.2 物证分析

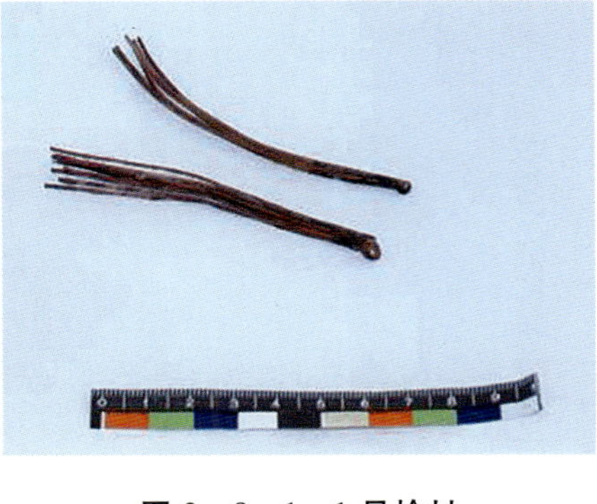

图 3－8－1　1 号检材

检材说明：如图 3－8－1 所示，检材为居民楼首层阁楼提取的2根多股铜线，编号为1号检材。通过视频显微镜观察分析，提取2个特征样品，标为样品1－1、1－2，并对提取的特征样品作宏观分析和金相分析。

图3－8－2　样品1－1外观12.5X

外观说明：半球状熔珠位于多股铜导线铜线芯顶端，熔珠颗粒比线径大，表面有少量灰尘覆盖，光泽度较强，熔珠与线材连接处分界过渡非常明显。

图3－8－3　样品1－1金相组织25X

金相说明：熔珠内部金相组织呈粗大的柱状晶，内部气孔多而大，金相组织被孔洞分割，熔痕与导线基体熔化过渡不明显，熔珠晶界较粗大。

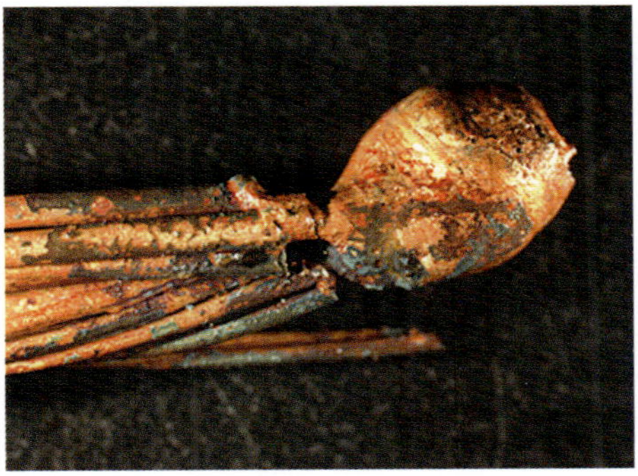

图 3－8－4　样品 1－2 外观 12.5X

外观说明：椭球状熔痕位于多股铜导线铜线芯端部，熔痕较线径大，表面存在孔洞且不平整，表面部分有灰绿色覆盖物，熔珠与线材连接处分界过渡非常明显，与熔痕相邻部分的多股铜导线黏结在一起。

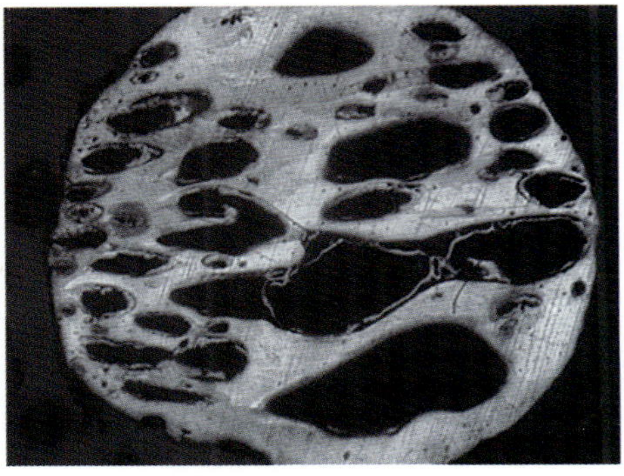

图 3－8－5　样品 1－2 金相组织 25X

金相说明：熔珠内部金相组织为柱状晶，内部气孔多而大且不规整，金相组织被孔洞分割，孔洞周围的铜和氧化亚铜共晶体较多而且较明显。

3.8.3 鉴定结论

经过外观观察和金相组织分析，判定样品 1－1、1－2 是二次短路作用形成。

3.9 广东云浮——商店火灾

3.9.1 痕迹说明

2011 年，位于云浮的某电动自行车店发生火灾。火灾调查人员在电动自行车店内的电动自行车控制器上提取了电线及接头。

3.9.2 物证分析

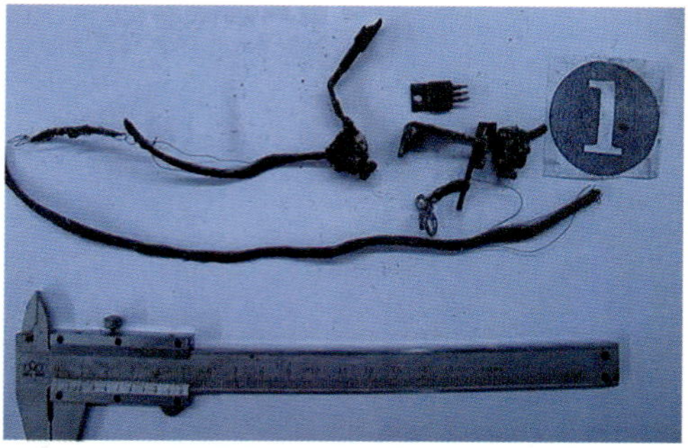

图 3－9－1　1 号检材

检材说明：如图 3 –9 –1 所示，检材为不同位置提取的电线及接头，编号为 1 号检材。通过视频显微镜观察分析，提取 1 个特征样品，标为样品 1 –1，并对提取的特征样品作宏观分析和金相分析。

图 3 –9 –2　样品 1 –1 外观 16X

外观说明：不规则熔痕位于多股铜导线端部，为点状熔痕，熔珠与线径相似，表面有凹凸及灰色覆盖物，光泽度较弱，熔珠与线材连接处分界过渡明显，相邻部分线材黏结在一起，多股铜导线高温作用受损严重。

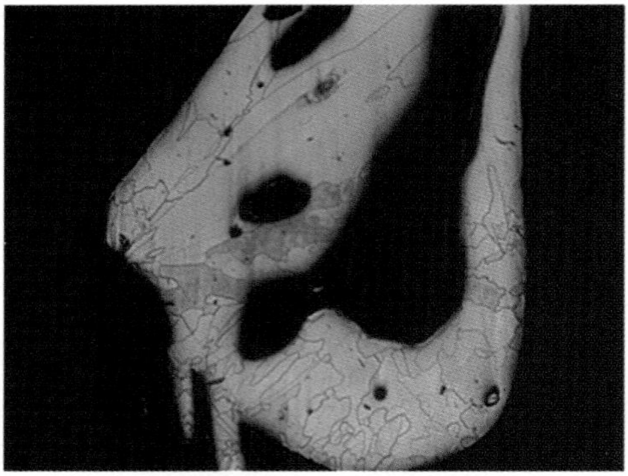

图 3－9－3　样品 1－1 金相组织 25X

金相说明：熔珠内部金相组织呈柱状晶，熔珠晶界较粗大，内部气孔多而大且不规整，金相组织被气孔分割，熔化过渡不明显。

3.9.3　鉴定结论

经过外观观察和金相组织分析，判定样品 1－1 为二次短路作用形成。

3.10　广州市天河区——仓库火灾

3.10.1　痕迹说明

2011 年，广州市天河区一仓库发生火灾，火灾调查人员在现场起火部位提取了多股铜导线和燃烧残留物等物品。

3.10.2 物证分析

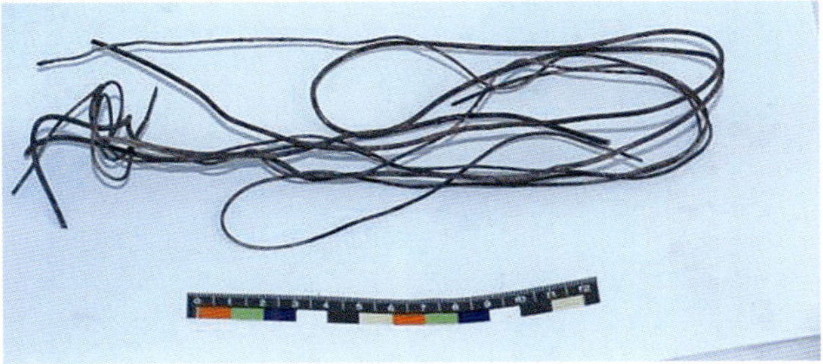

图 3－10－1　1 号检材

检材说明：如图 3－10－1 所示，检材为起火部位提取的单股铜线，编号为 1 号检材。通过视频显微镜观察分析，提取 2 个特征样品，标为样品 1－1、1－2，并对提取的特征样品作宏观分析和金相分析。

图 3－10－2　样品 1－1 外观 16X

外观说明：单股铜导线铜线芯熔化形成线端处的点状熔珠，

熔珠颗粒与线径相似，表面存在孔洞，光泽度较强，熔珠与线材连接处分界过渡不明显。

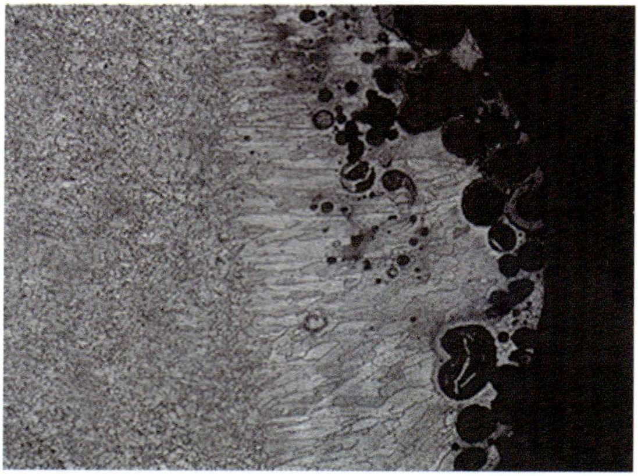

图 3－10－3　样品 1－1 金相组织 100X

金相说明：熔痕内部金相组织为细长柱状晶，熔痕晶界较粗大，线材组织为密集等轴晶，内部气孔多且不规整，金相组织被气孔分割。

图 3－10－4　样品 1－2 外观 16X

外观说明：单股铜导线铜线芯熔化形成线端点状熔珠，熔珠颗粒与线径相似，表面有凹坑，光泽度很强，熔珠与线材连接处分界过渡非常明显，分界线有微熔变细的痕迹。

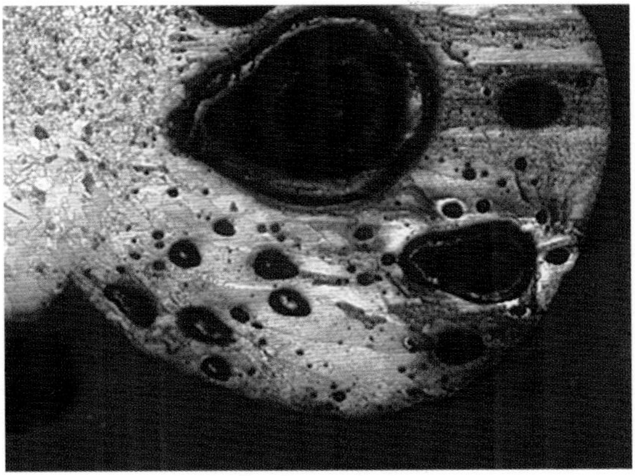

图 3－10－5　样品 1－2 金相组织 50X

金相说明：熔珠内部金相组织晶粒粗大，呈柱状晶，内部气孔多而大且不规整，金相组织被气孔分割，孔洞周围的铜和氧化亚铜共晶体较多而且较明显，熔珠与导线衔接处的过渡区分界不太明显。

3.10.3 鉴定结论

经过外观观察和金相组织分析，判定样品 1－1、1－2 均为二次短路作用形成。

3.11 广州市海珠区——车间火灾

3.11.1 痕迹说明

2010年，广州市海珠区一车间发生火灾，在现场疑似起火部位——吹瓶机主控柜北侧中部提取了多股铜导线，须作熔痕性质鉴定。

3.11.2 物证分析

图 3－11－1 送检检材

检材说明：送检材料为铜导线。通过视频显微镜观察分析，从送检材料中提取2个特征样品，分别标为样品1－1、1－2，并作金相分析。

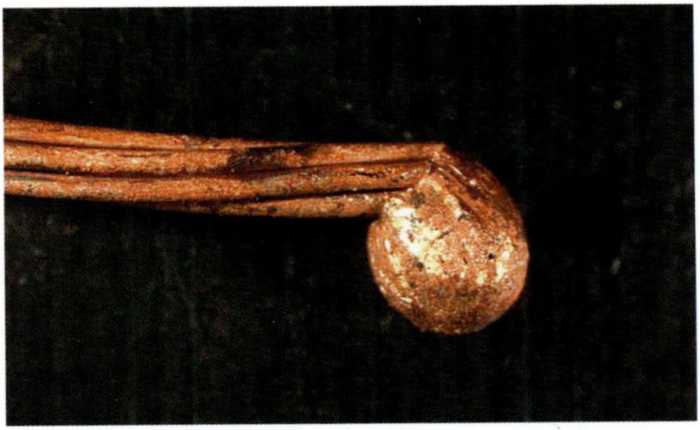

图 3-11-2　样品 1-1 外观 12.5X

外观说明：多股铜导线线端形成球形熔珠，粘连在导线末端，导线与熔珠过渡区区分明显，有金属光泽。

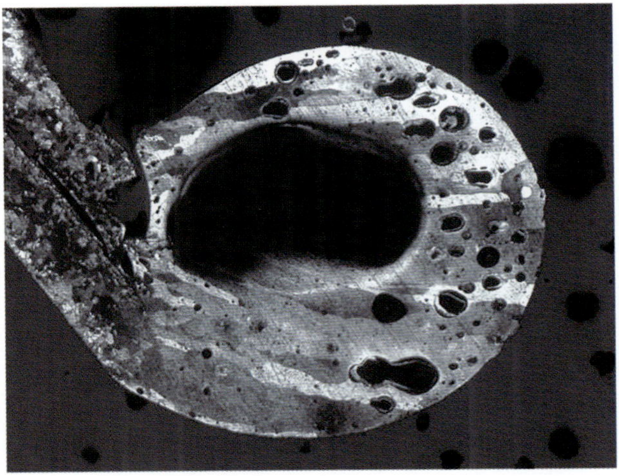

图 3-11-3　样品 1-1 金相组织 25X

金相说明：金相组织是柱状晶，熔珠顶端处孔洞较多。

图 3－11－4　样品 1－2 外观 12. 5X

外观说明：多股铜导线线端形成熔痕，熔痕与导线连接过渡区区分明显，边缘有若干孔洞。

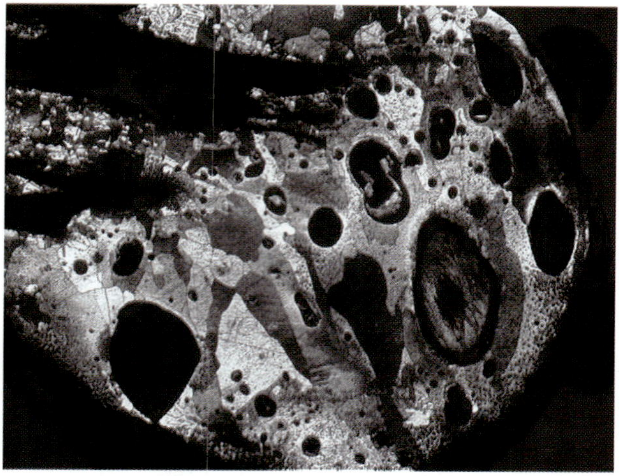

图 3－11－5　样品 1－2 金相组织 50X

金相说明：金相组织是柱状晶，内部孔洞较多。

3.11.3 鉴定结论

经过外观观察和金相组织分析，判定样品 1－1、1－2 均为二次短路作用形成。

3.12 英德市——五金店火灾

3.12.1 痕迹说明

2010 年，英德市一五金店发生火灾，在现场提取了多股导线，并进行物证鉴定。

3.12.2 物证分析

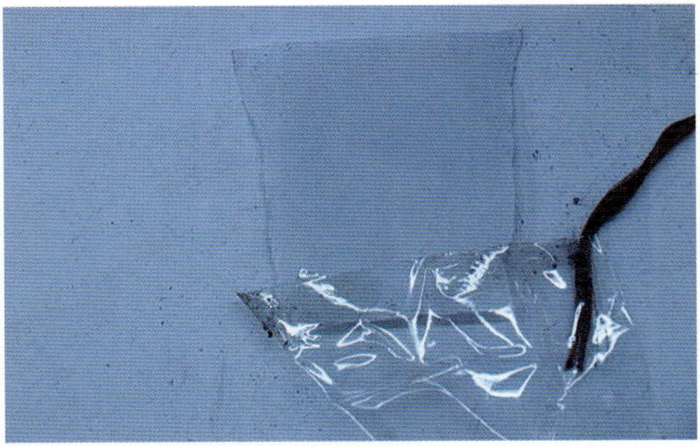

图 3－12－1 送检检材

检材说明：送检材料为多股铜导线。通过视频显微镜观察分析，从送检材料中提取 2 个特征样品，分别标为样品 1－1、1－2，并作金相分析。

图 3－12－2　**样品** 1－1 **外观** 25X

外观说明：多股铜导线线端珠状熔痕，外观观察到孔洞，熔痕与导线基体交接处无明显的熔化与未熔化的分界线。

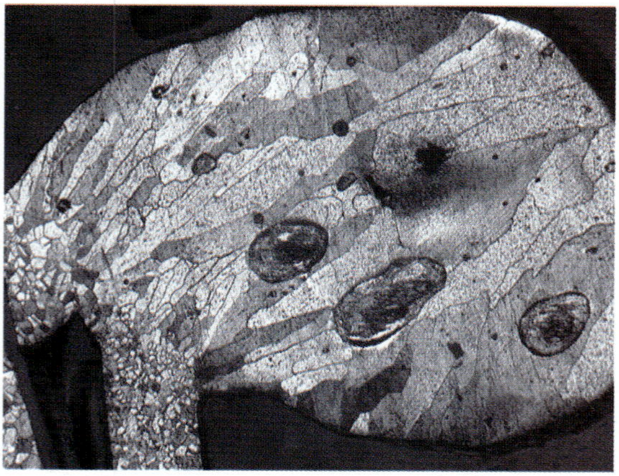

图 3－12－3　**样品** 1－1 **金相组织** 100X

金相说明：金相组织为粗大柱状晶，有孔洞。

图 3－12－4　样品 1－2 外观 25X

外观说明：多股铜导线线端珠状熔痕，熔珠表面光滑，熔痕与导线基体交接处无明显的熔化与未熔化的分界线。

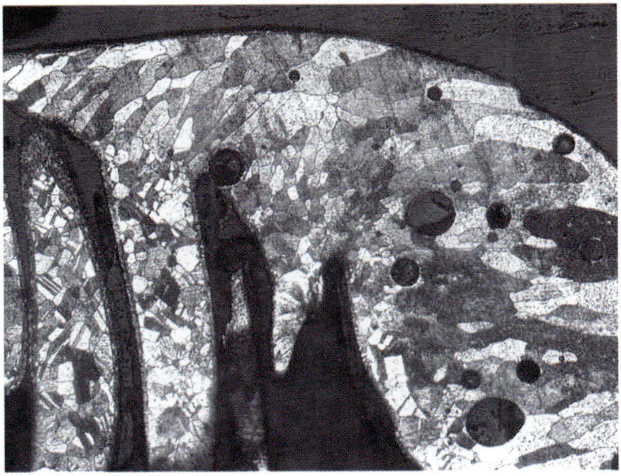

图 3－12－5　样品 1－2 金相组织 100X

金相说明：金相组织为粗大柱状晶，有孔洞。

3.12.3 鉴定结论

经过外观观察和金相组织分析，判定样品 1－1、1－2 均为二次短路作用形成。

4　火烧痕迹物证案例分析

4.1　惠州市惠阳区——维修店火灾

4.1.1　痕迹说明

2012 年，广东省惠州市惠阳区某摩托车维修店发生火灾。在摩托车维修店内北侧门檐上提取带熔珠电线一段。

4.1.2　物证分析

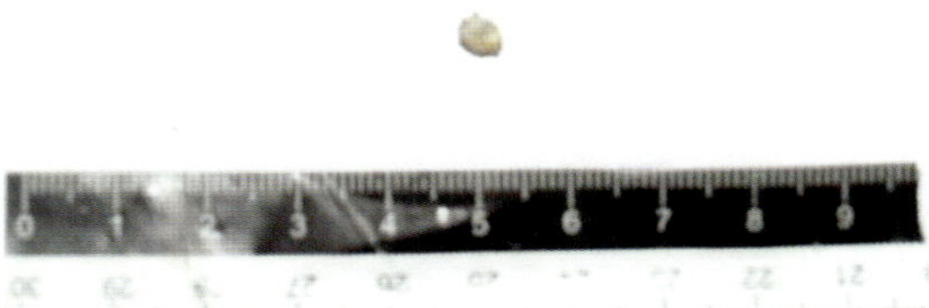

图 4－1－1　1 号检材电线熔痕

检材说明：如图 4－1－1 所示，检材为从电线上提取下来的一粒熔珠，编号为 1 号检材。对熔珠通过体视显微镜和视频显微镜进行了观察分析，并作金相分析。

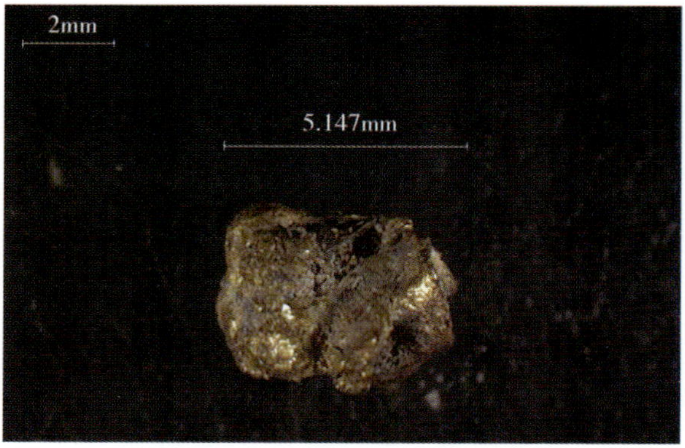

图 4－1－2　样品 1－1 外观 10X

外观说明：熔珠的材质为黄铜，熔珠颗粒较大；熔珠表面不规则，凹凸不平；熔珠表层大部分覆盖氧化物，底层金属有光泽度。

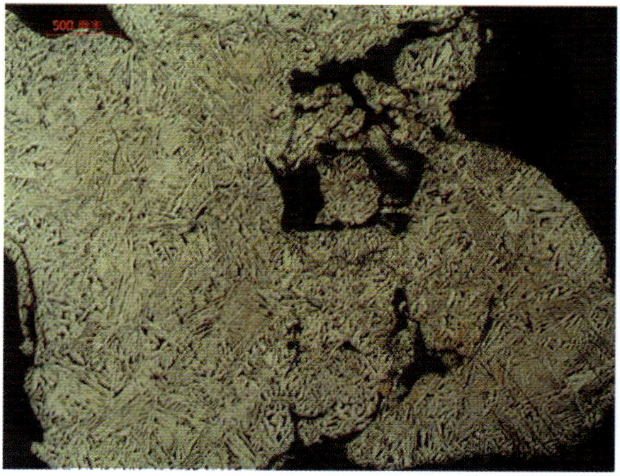

图 4－1－3　样品 1－1 金相组织 25X

金相说明：金相组织为黄铜铸态组织，呈松针叶状，凝固组织没有孔洞。

4.1.3 鉴定结论

经过外观观察和金相组织分析，判定样品1-1是火烧作用形成。

4.2 汕头市澄海区——塑料玩具厂火灾

4.2.1 痕迹说明

2010年，汕头市澄海区某塑料玩具厂发生火灾，在现场首层仓库大门右侧距东北侧办公室墙0.8米、距地面2.5米靠仓库东南侧墙上提取了铝导线6段。

4.2.2 物证分析

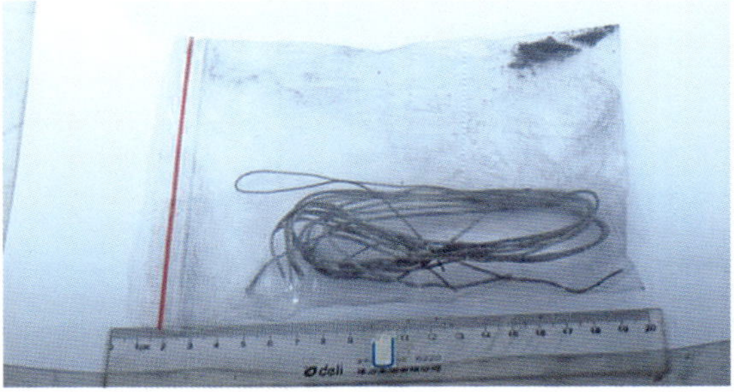

图4-2-1 1号检材

检材说明：送检材料为铝导线6段，编号为1号检材。通过视频显微镜观察分析，提取特征样品分别标为1-1、1-2，并作金相分析。

图4－2－2　样品1－1外观 12.5X

外观说明：单股铝线表面发生腐蚀，凹凸不平，无光泽。

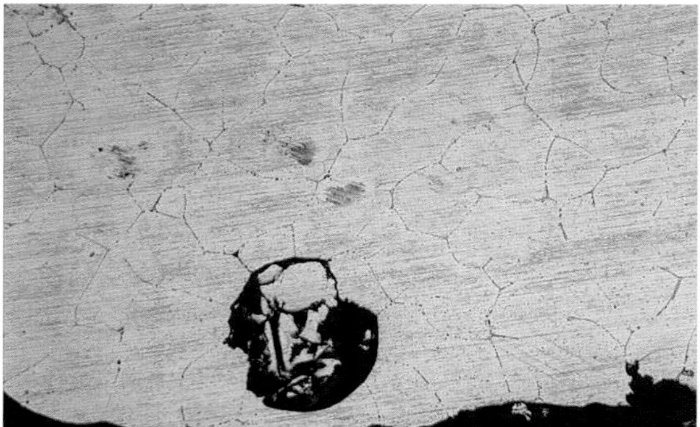

图4－2－3　样品1－1金相组织 50X

金相说明：金相组织为粗大胞状晶。

图 4－2－4　样品 1－2 外观 12.5X

外观说明：单股铝线，熔痕呈尖状，表面轻度腐蚀。

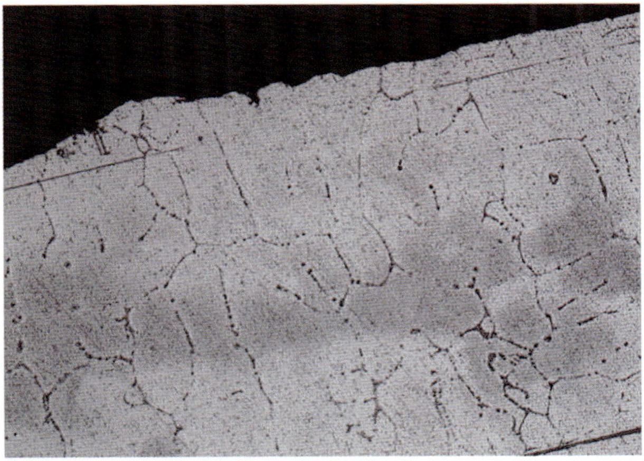

图 4－2－5　样品 1－2 金相组织 100X

金相说明：金相组织为粗大胞状晶，没有孔洞。

4.2.3　鉴定结论

经过外观观察和金相组织分析，判定样品 1－1、1－2 均为火烧作用形成。

4.3　揭阳市榕城区——仓库火灾

4.3.1　痕迹说明

2010 年，揭阳市榕城区某仓库发生火灾。经调查，该仓库设置在九层居民楼的首层，钢筋混凝土结构，过火面积约 90 平方米，烧毁扑克牌、打火机和烟嘴等成品一批，火灾未造成人员伤亡。在仓库卫生间内提取了电线等痕迹物证。

4.3.2　物证分析

图 4－3－1　1 号检材

检材说明：送检材料为火场提取的一段多股铜导线，编号为 1 号检材。通过体视显微镜、视频显微镜的观察分析，提取 1 个特征样品标为样品 1－1，并进行金相分析。

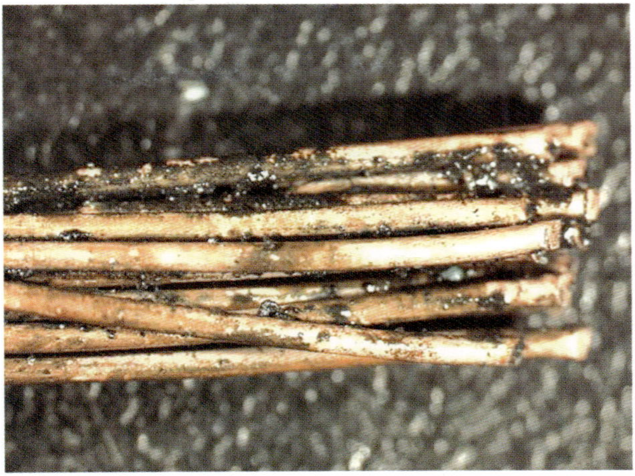

图 4－3－2　样品 1－1 外观 20X

外观说明：多股铜导线端头，导线呈金黄色，基本保持原形。

图 4－3－3　样品 1－1 金相组织 200X

金相说明：金相组织边界晶粒不明显，中部呈等轴晶，无孔洞。

4.3.3 鉴定结论

经过外观观察和金相组织分析，判定样品 1－1 为火烧作用形成。

4.4 广州市番禺区——影音室火灾

4.4.1 痕迹说明

2010 年，广州市番禺区某影音室发生火灾，在现场地下一层影音室配电箱处提取一电涌保护器残骸。

4.4.2 物证分析

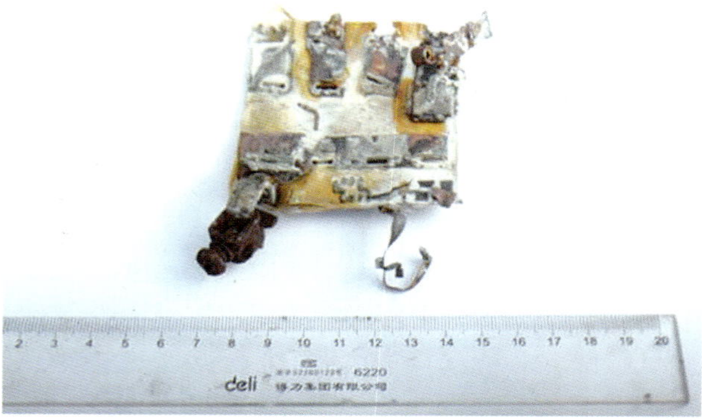

图 4－4－1　1 号检材

检材说明：送检材料为电涌保护器残骸，编号为1号检材，通过视频显微镜观察分析，提取2个特征样品分别标为样品1－1、1－2，并作金相分析。

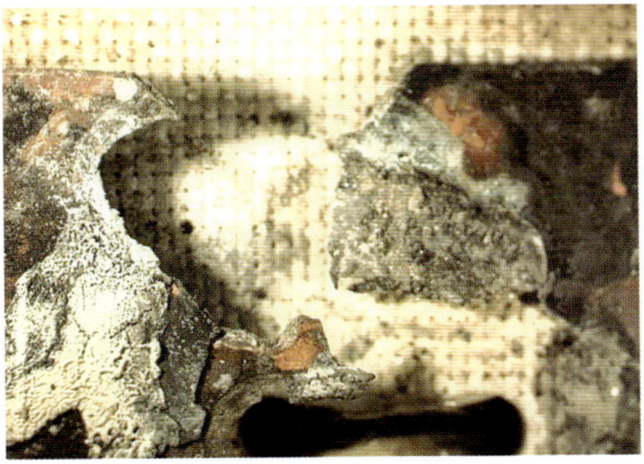

图4－4－2　样品1－1外观 12.5X

外观说明：电涌保护器残骸表面残留铜片，熔痕边缘较薄，表面覆盖灰白色物质，铜片与灰白色覆盖物分层现象明显。

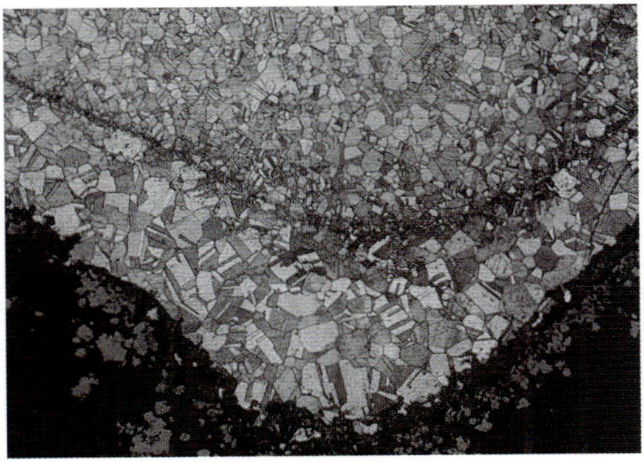

图4－4－3　样品1－1金相组织 100X

金相说明：金相组织为等轴晶，内部无孔洞。

图 4－4－4　样品 1－2 外观 12.5X

外观说明：电涌保护器残骸表面残留铜片，熔痕边缘较薄，表面覆盖灰白色物质，铜片与灰白色覆盖物分层现象明显。

图 4－4－5　样品 1－2 金相组织 100X

金相说明：金相组织为等轴晶，无孔洞。

4.4.3 鉴定结论

经过外观观察和金相组织分析，判定样品 1－1、1－2 均为火烧作用形成。

4.5 汕头市澄海区——住宅火灾

4.5.1 痕迹说明

2010 年，汕头市澄海区某住宅发生火灾。调查人员在火灾现场首层自编号 1～6 号摩托车上提取车架内部电路的铜导线 6 份。

4.5.2 物证分析

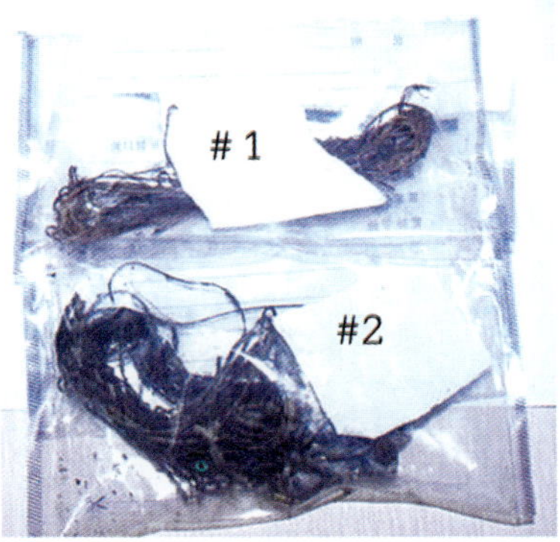

图 4－5－1 1 号、2 号检材

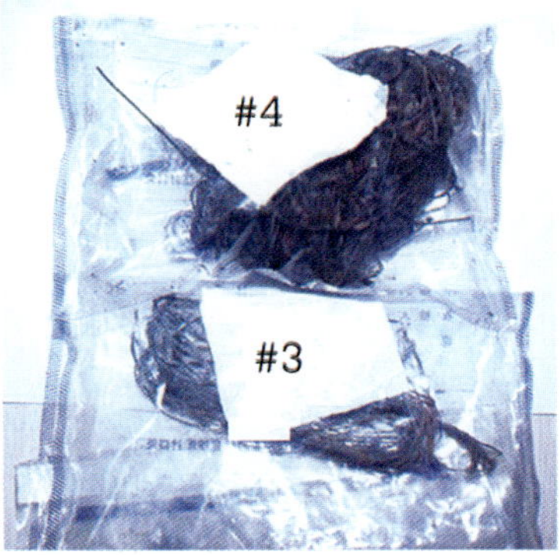

图 4－5－2 3 号、4 号检材

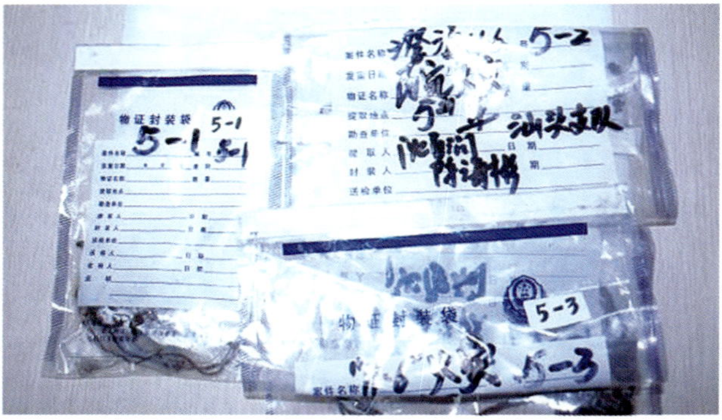

图 4-5-3　5 号、6 号检材

检材说明：送检材料为带有熔痕的 6 份铜导线，分别编号为 1 号、2 号、3 号、4 号、5 号和 6 号检材。通过体视显微镜、视频显微镜的观察分析，从各份检材中提取 6 个特征样品，编号为 1-1、2-1、3-1、4-1、5-1 以及 6-1，并进行金相分析。

图 4-5-4　样品 1-1 外观 16X

外观说明：铜导线外覆黄铜材质熔痕。

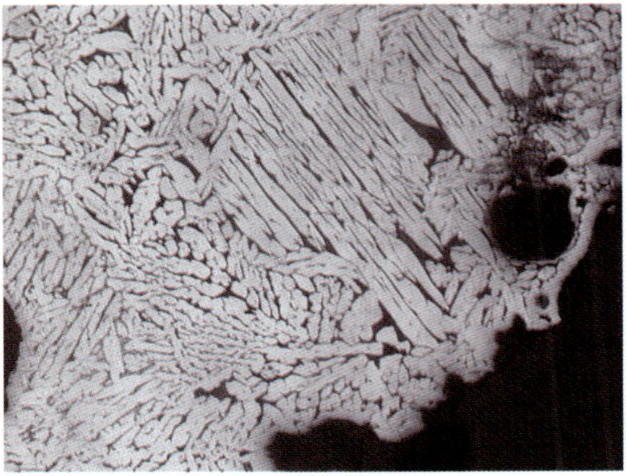

图 4-5-5 样品 1-1 金相组织 50X

金相说明：金相组织呈麻花状。

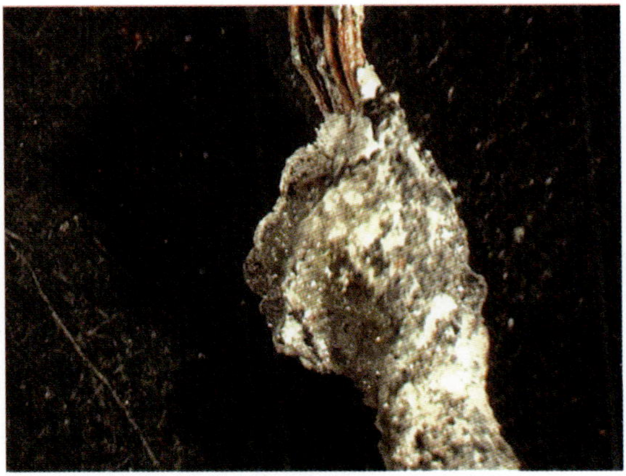

图 4-5-6 样品 2-1 外观 20X

外观说明：铜导线外覆黄铜材质熔痕。

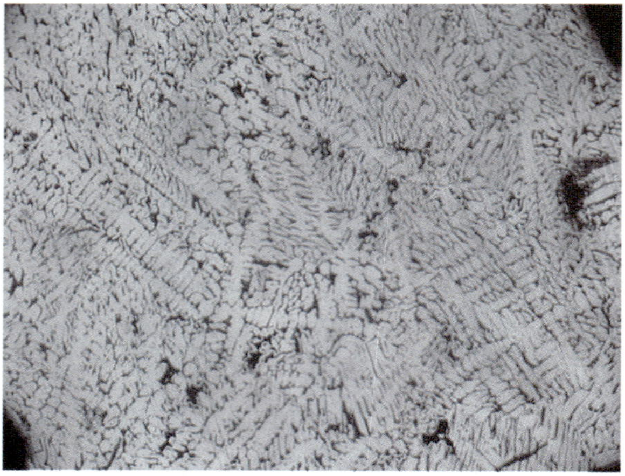

图 4－5－7　样品 2－1 金相组织 50X

金相说明：金相组织呈麻花状。

图 4－5－8　样品 3－1 外观 20X

外观说明：线端熔痕，断口较平。

图 4－5－9 样品 3－1 金相组织 100X

金相说明：金相组织呈等轴晶，熔痕内部没有孔洞。

图 4－5－10 样品 4－1 外观 20X

外观说明：外观呈流淌痕迹，表面氧化严重。

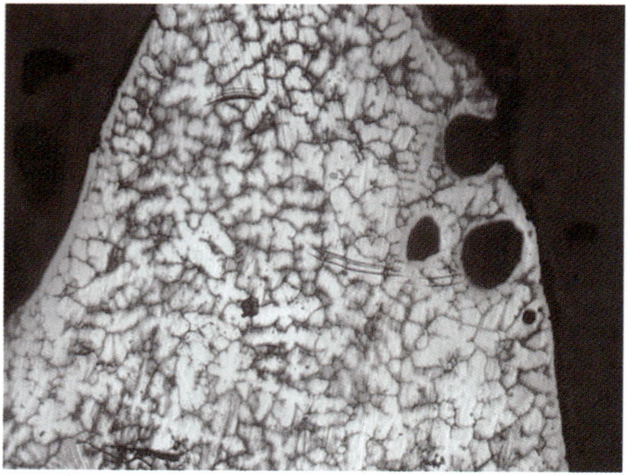

图 4-5-11 样品 4-1 金相组织 50X

金相说明：金相组织呈等轴晶，有少量孔洞。

图 4-5-12 样品 5-1 外观 16X

外观说明：黄铜熔痕附着在铜导线上，表面氧化严重。

图 4－5－13　样品 5－1 金相组织 50X

金相说明：金相组织呈铸态组织，无孔洞。

图 4－5－14　样品 6－1 外观 20X

外观说明：多股铜导线烧蚀严重，线端断面整齐。

图 4－5－15　样品 6－1 金相组织 100X

金相说明：金相组织呈等轴晶，无孔洞。

4.5.3　鉴定结论

经过外观观察和金相组织分析，判定样品 1－1、2－1、3－1、4－1、5－1 以及 6－1 均为火烧作用形成。

4.6　汕头市潮阳区——民宅火灾

4.6.1　痕迹说明

2011 年，汕头市潮阳区某民宅发生火灾，过火面积 16 平方米，火灾造成 4 人死亡。经现场勘验，在距东墙 40 厘米，南墙 3 厘米的地面及桌面 1.2 平方米区域内提取物证金属插片 4 个。

4.6.2 物证分析

图 4－6－1　1 号检材

检材说明：送检材料为 4 个金属插片，编号为 1 号检材。通过视频显微镜观察分析，从检材中提取 2 个特征样品，编号样品 1－1、1－2，并提取样品作金相分析。

图 4－6－2　样品 1－1 外观 10X

外观说明：插片表面呈浅黄色，无形变和熔痕。

图 4－6－3　样品 1－1 金相组织 100X

金相说明：金相组织是黄铜的铸态花纹状组织。

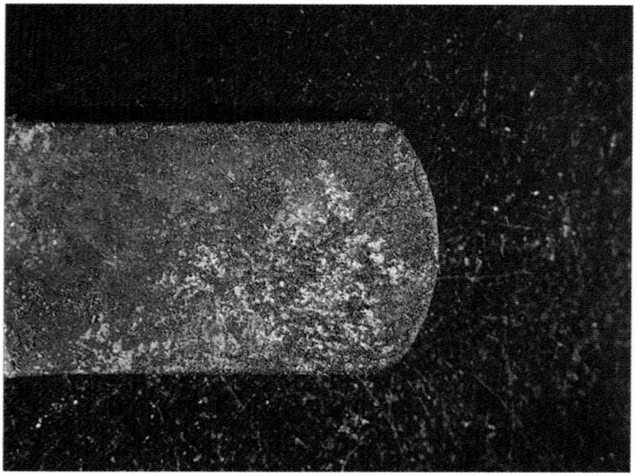

图 4－6－4　样品 1－2 外观 10X

外观说明：插片表面有轻度锈蚀现象，无形变和熔痕。

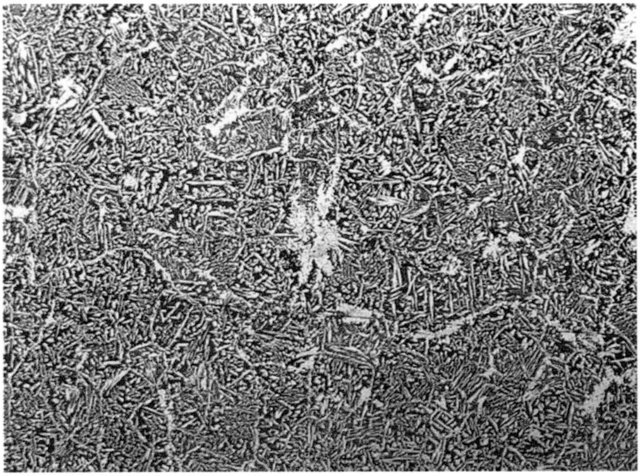

图 4-6-5　样品 1-2 金相组织 50X

金相说明：金相组织是黄铜的铸态花纹状组织。

4.6.3　鉴定结论

经过外观观察和金相组织分析，判定样品 1-1、1-2 均为火烧作用形成。

4.7　广州市花都区——温室大棚火灾

4.7.1　痕迹说明

2012 年，广州市花都区某温室大棚的 6~7 格西面部位发生火灾，事故未造成人员伤亡，过火面积约 26 平方米。从火场中提取空调室内机底座的导线进行鉴定。

4.7.2 物证分析

图 4－7－1 送检检材

检材说明：如图 4－7－1 所示送检材料为空调室内机底座的导线。通过视频显微镜观察分析，提取 1 个特征样品，编号为样品 1－1，并对提取的样品作金相分析。

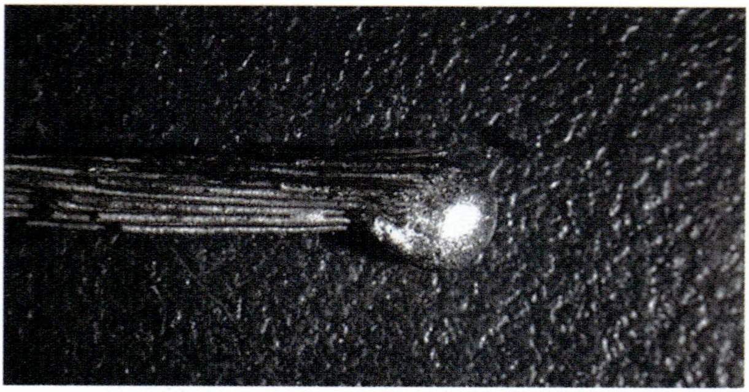

图 4－7－2 样品 1－1 外观 10X

外观说明：熔痕呈银灰色，表面光滑，熔痕相连的导线部分线段熔断。

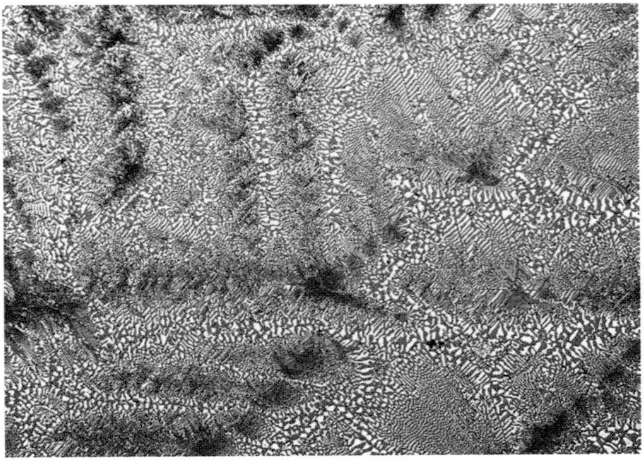

图 4－7－3　样品 1－1 金相组织 100X

金相说明：金相组织是铸态花纹状组织。

4.7.3　鉴定结论

经过外观观察和金相组织分析，判定样品 1－1 是火烧作用形成。

4.8　惠州市龙门县——居民住宅火灾

4.8.1　痕迹说明

2012 年，惠州市龙门县某居民住宅发生火灾。在二楼起火房间距北墙 35 厘米、西墙 110 厘米处提取烧损的插排；在二楼起火房间距北墙 150 厘米、东墙 20 厘米的灯管内提取带熔痕的一段导线。

4.8.2 物证分析

图4-8-1 1号检材

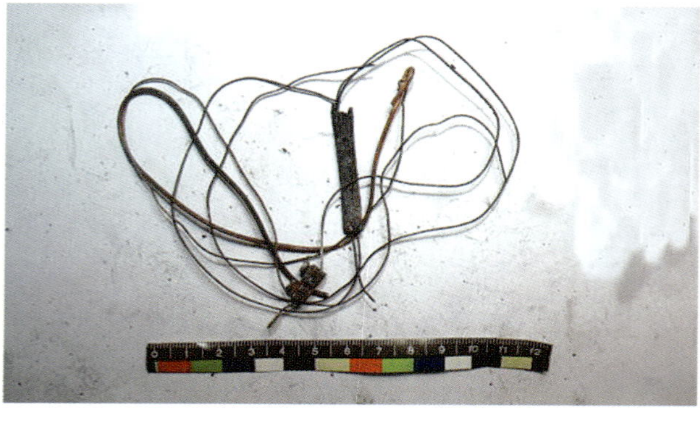

图4-8-2 2号检材

检材说明：检材为火场提取的插排残骸和多根单股铜导线，编号为1号、2号检材。通过体视显微镜、视频显微镜的观察分析，从检材中共提取2个样品，标为样品1-1、2-1，并进行金相分析。

图 4－8－3　样品 1－1 外观 10X

外观说明：样品为黄铜插片，插片表层烧蚀严重，附着黑色氧化物。

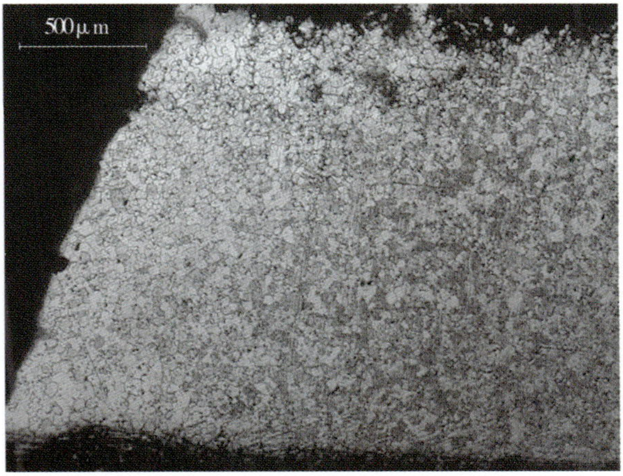

图 4－8－4　样品 1－1 金相组织 50X

金相说明：金相组织为细小等轴晶，分布均匀，无孔洞。

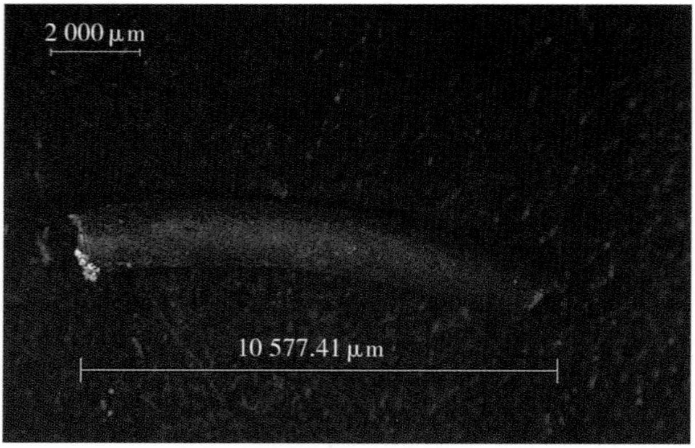

图 4－8－5　样品 2－1 外观 10X

外观说明：导线表层烧蚀严重，附着黑色氧化物。

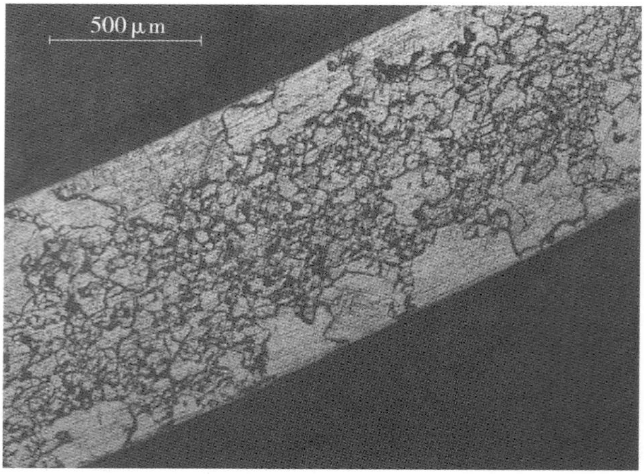

图 4－8－6　样品 2－1 金相组织 25X

金相说明：金相组织外沿为等轴晶，内层为细小等轴晶，无孔洞。

4.8.3 鉴定结论

经过外观观察和金相组织分析，判定样品1-1、2-1均为火烧作用形成。

4.9 广州市海珠区——仓库火灾

4.9.1 痕迹说明

2012年，广州市海珠区某仓库发生火灾，火灾中无人员伤亡，大火烧毁了仓库内物品、仓库装修以及建筑物。火灾随后波及附近的仓库，致使附近仓库内的物品、装修以及建筑物被烧损。工作人员从火灾现场提取了带电线和熔珠的开关残骸。

4.9.2 物证分析

图4-9-1 1号检材

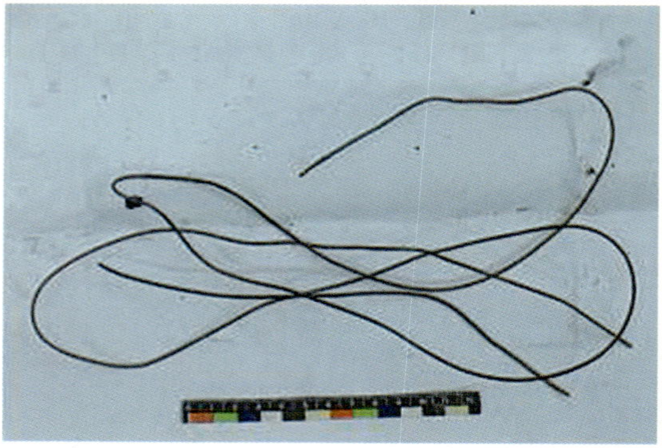

图 4－9－2　2 号检材

检材说明：送检检材分别为开关残骸及熔珠和导线。通过视频显微镜观察分析，提取 4 个特征样品，分别标为样品 1－1、1－2、2－1 以及 2－2，并对提取的样品作金相分析。

图 4－9－3　样品 1－1 外观 10X

外观说明：样品为导线末端提取的熔痕，导线末端一侧有金属突起。

图 4－9－4　样品 1－1 金相组织 50X

金相说明：金相组织是 α 相和 β 相固溶体。

图 4－9－5　样品 1－2 外观 10X

外观说明：熔珠表面平整，有明亮的金属光泽。

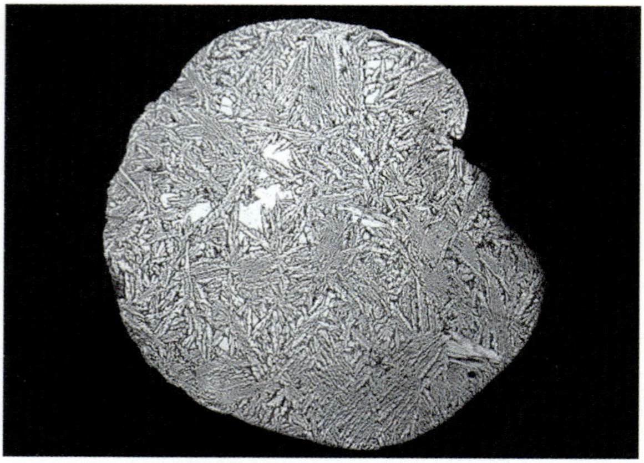

图 4－9－6　样品 1－2 金相组织 100X

金相说明：金相组织是 α 相和 β 相固溶体。

图 4－9－7　样品 2－1 外观 10X

外观说明：熔痕表面有少量较大的凹痕，导线顶端为半球状熔痕。

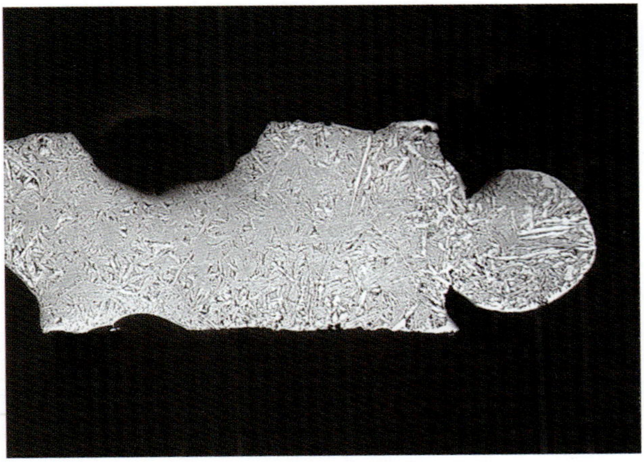

图4－9－8　样品2－1金相组织25X

金相说明：金相组织是α相和β相固溶体。

图4－9－9　样品2－2外观10X

外观说明：熔痕表面是点状凹痕，表面有少量灰尘覆盖。

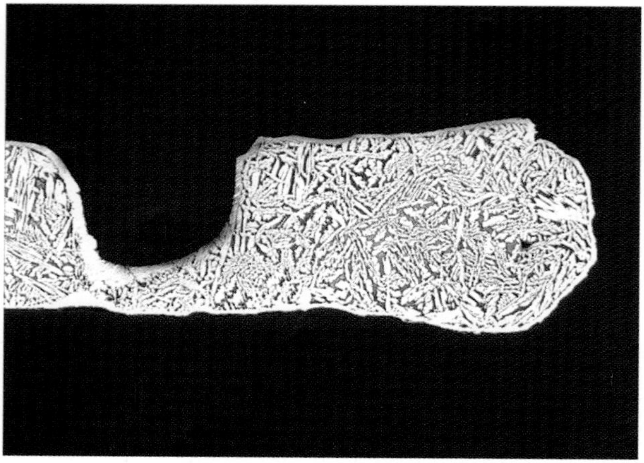

图 4-9-10　样品 2-2 金相组织 25X

金相说明：金相组织是 α 相和 β 相固溶体。

4.9.3　鉴定结论

经过外观观察和金相组织分析，判定样品 1-1、1-2、2-1 以及 2-2 均为火烧作用形成。

4.10　汕头市龙湖区——玩具加工作坊火灾

4.10.1　痕迹说明

2012 年，汕头市龙湖区某玩具加工作坊发生火灾，火灾造成三人死亡。在现场起火部位提取到插头插片、插排簧片。

4.10.2 物证分析

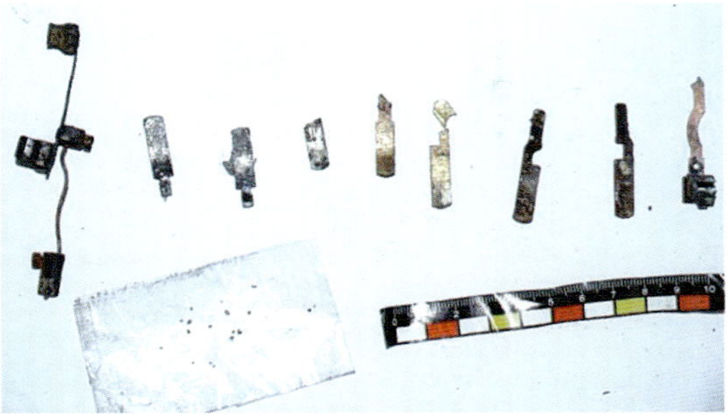

图 4－10－1 1 号检材

检材说明：检材为带熔痕的铜导线和喷溅熔珠，编号为 1 号检材。通过体视显微镜、视频显微镜的观察分析，从检材中共提取 2 个样品，标为样品 1－1、1－2，并进行金相分析。

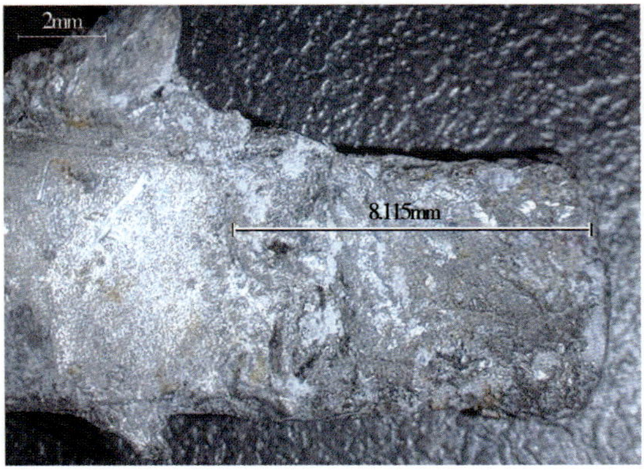

图 4－10－2 样品 1－1 外观 10X

外观说明：样品为带熔痕插片，呈银灰色，插片表层熔痕有毛刺。

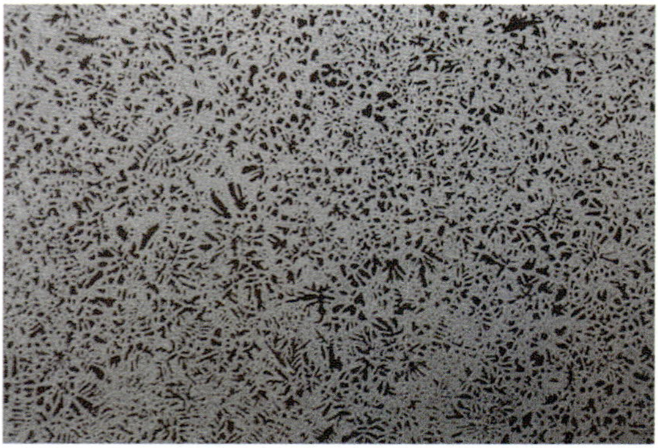

图 4－10－3　样品 1－1 金相组织 50X

金相说明：金相组织为黄铜铸态组织。

图 4－10－4　样品 1－2 外观 10X

外观说明：喷溅熔珠，呈金黄色，光滑圆润。

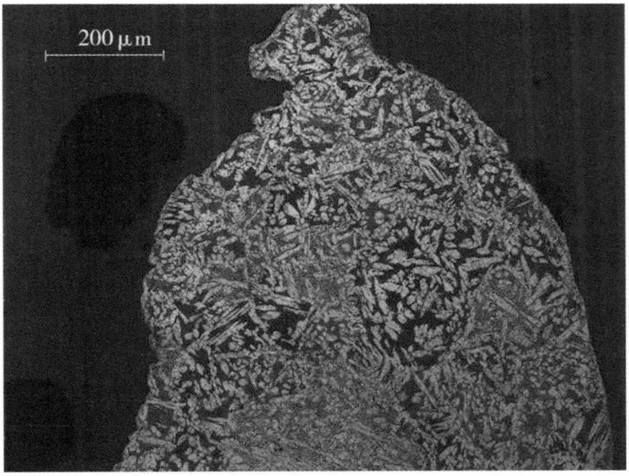

图 4 - 10 - 5　样品 1 - 2 金相组织 100X

金相说明：金相组织为黄铜铸态组织。

4. 10. 3　鉴定结论

经过外观观察和金相组织分析，判定样品 1 - 1、1 - 2 均为火烧作用形成。

4. 11　广州市番禺区——奶茶店火灾

4. 11. 1　痕迹说明

2010 年，广州市番禺区某奶茶店发生火灾，火灾造成该店被烧毁。在火灾现场勘验时，在店内铁栅门北侧距门框 0. 1 米、离地 1. 3 米处发现有电熔痕迹的电源铜导线；同时在铁栅门北侧距门框 0. 3 米的地面上发现烧焦的电源插座一个；另外在位于店内西北面墙角地面上发现有电熔痕迹的电源铜导线。

4.11.2 物证分析

图4-11-1 送检检材

检材说明：送检材料为火场提取的多段铜导线，送检单位对检材的编号标注为1号，电源插座按照送检单位要求不作分析。通过体视显微镜、视频显微镜的观察分析，提取1个特征样品标注为样品1-1，并进行金相分析。

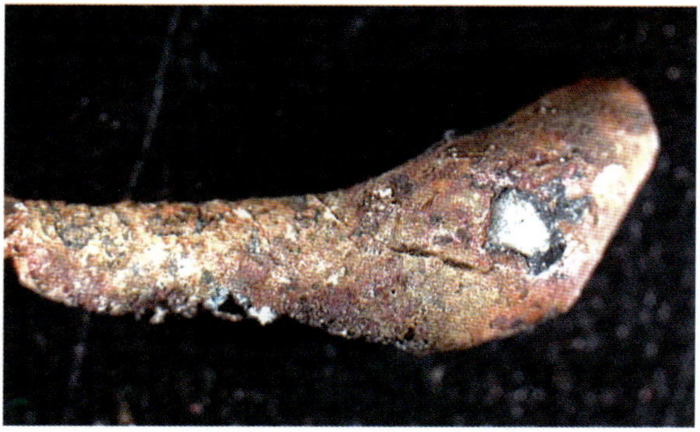

图4-11-2 样品1-1外观16X

外观说明：多段铜导线上的熔痕粗细不一，无固定形状，熔痕与导线有明显的熔化过渡区。

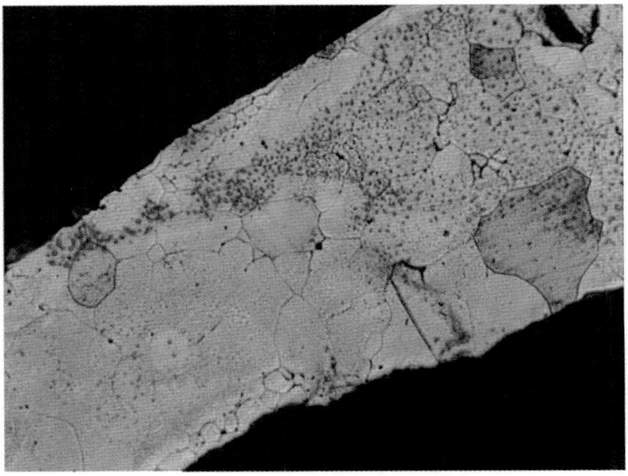

图 4－11－3　样品 1－1 金相组织 50X

金相说明：金相组织为等轴晶，无孔洞。

4. 11. 3　鉴定结论

经过外观观察和金相组织分析，判定样品 1－1 为火烧作用形成。

4. 12　佛山市南海区——公司火灾

4. 12. 1　痕迹说明

2010 年，佛山市南海区某公司发生火灾。在该公司成品 1 号仓库的西墙从北往南数第三条水泥柱左侧内墙边，及右侧两扇铁门旁边的地面发现多股裸露的带熔珠熔痕的铜导线。

4. 12. 2 物证分析

图 4 – 12 – 1 送检检材

检材说明：送检材料为火场提取的多股铜导线，标为 1 号检材。通过体视显微镜、视频显微镜的观察分析，从检材中提取 2 个特征样品，分别标注为样品 1 – 1、1 – 2，并进行金相分析。

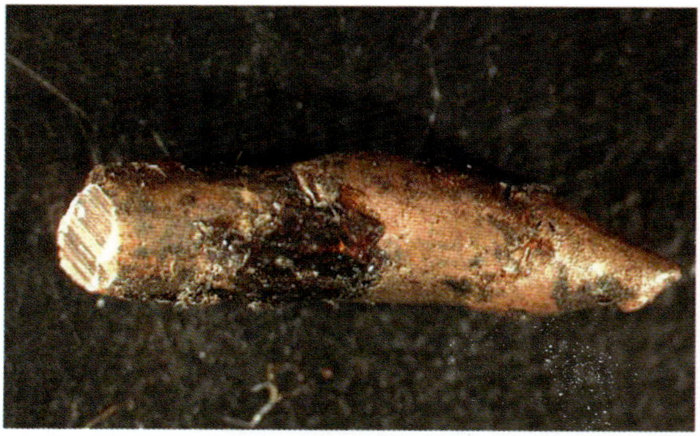

图 4 – 12 – 2 样品 1 – 1 外观 16X

外观说明：为线端尖状熔珠，呈滴落流淌状。

图 4－12－3　样品 1－1 金相组织 50X

金相说明：金相组织为等轴晶，无孔洞。

图 4－12－4　样品 1－2 外观 16X

外观说明：线端熔痕，表面有金属光泽。

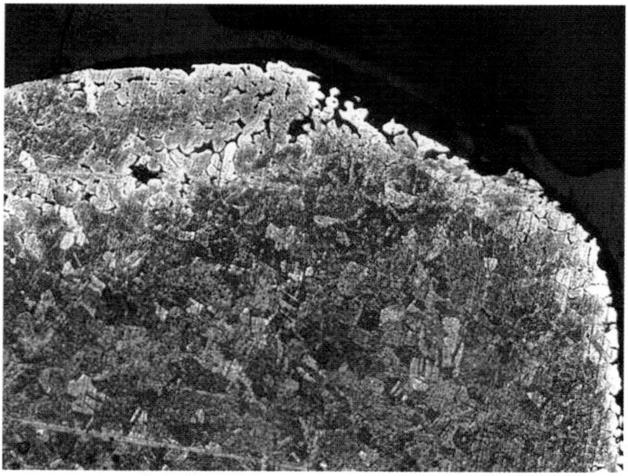

图 4 - 12 - 5　样品 1 - 2 金相组织 50X

金相说明：金相组织呈等轴晶，无孔洞。

4.12.3　鉴定结论

经过外观观察和金相组织分析，判定样品 1 - 1、1 - 2 均为火烧作用形成。

4.13　汕头市潮南区——住宅火灾

4.13.1　痕迹说明

2011 年，汕头市潮南区某居民家发生火灾，过火面积 30 平方米，火灾造成 3 人死亡。经现场勘验，在首层东墙旁铝合金货柜上靠近楼梯口部位提取 4 段多股铜导线和熔珠、簧片、带熔痕的螺丝若干。

4.13.2 物证分析

图 4-13-1 1 号检材

检材说明：送检材料为带有电熔痕的多股铜导线 4 段和熔珠、簧片、带熔痕的螺丝若干，编号为 1 号检材。通过体视显微镜、视频显微镜的观察分析，提取特征样品 2 个，编号样品为 1-1、1-2，并进行金相分析。

图 4-13-2 样品 1-1 外观 20X

外观说明：熔珠圆润，灰白色，表面有小坑，熔珠左侧干瘪下凹，光泽度不强。

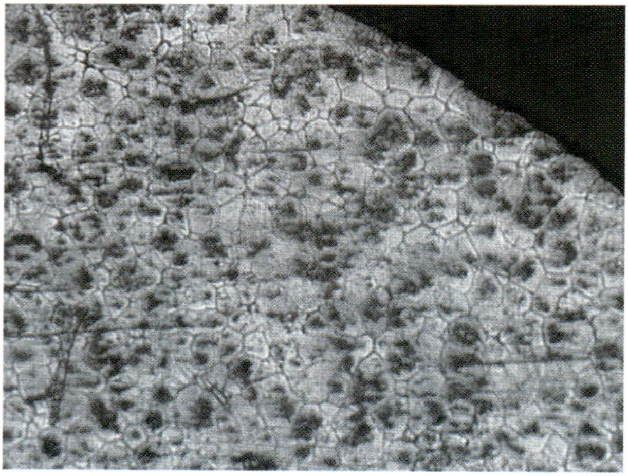

图 4－13－3　样品 1－1 金相组织 100X

金相说明：金相组织为等轴晶，无孔洞。

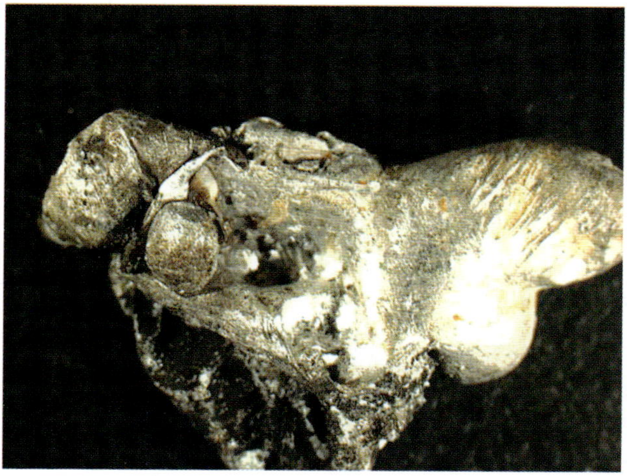

图 4－13－4　样品 1－2 外观 12.5X

外观说明：熔块具有流淌迹象，有金属光泽，不规则。

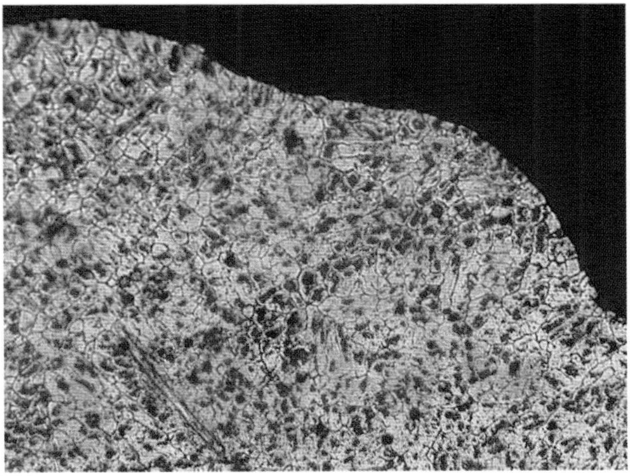

图 4 - 13 - 5　样品 1 - 2 金相组织 100X

金相说明：金相组织为等轴晶，无孔洞。

4.13.3　鉴定结论

经过外观观察和金相组织分析，判定样品 1 - 1、1 - 2 均为火烧作用形成。

参考文献

［1］王希庆，韩宝玉等．电气火灾现场勘查与鉴定技术指南［M］．沈阳：辽宁大学出版社，1997.

［2］John D. De Haan & David J. Icove. *Kirk's Fire Investigation with MyFireKit*［M］．Upper Saddle River：Prentice Hall，2011.

［3］廖光煊，宗若雯等．火灾科学的重要分支——火灾调查研究［C］．中国科协 2005 年学术年会论文集科学发展观与公共消防安全（第 24 分会场）论文汇编，2005. 388 ~ 391.

［4］陈克，崔昌新等．电气火灾物证鉴定抛光工艺的研究［J］．消防科学与技术，2009，28（8）：618 ~ 620.

［5］蒋勇，邱榕等．火灾调查理论框架建立探讨［J］．中国安全生产科学技术，2005，1（4）：8 ~ 12.

［6］蒋玲．开展国外火灾调查体系和机制研究的探讨［J］．消防技术与产品信息，2011（5）：19 ~ 21.

［7］赵长征．电气火灾原因认定和痕迹鉴定［J］．消防技术与产品信息，2003（12）：3 ~ 5.

［8］国家技术监督局．电气火灾原因技术鉴定方法　第 4 部分：金相法［S］．北京：中国标准出版社，2005.

［9］王刚，张俊波．火灾物证鉴定结论及运用［J］．消防科学与技术，2011，30（12）：1194 ~ 1196.

[10] International Association of Arson Investigators. User's Manual for NFPA 921: Guide for Fire and Explosion Investigations [S]. Sudbury: Jones and Bartlett Publishers, Inc, 2006.

[11] Gao Wei, Wu Ying Liu Shujun et al. Study on the irt depth composition of beads formed by fuse breaking of electric wire at different oxygen concentrations by auger electron spectroscopy [J]. *Spectroscopy and Spectral Analysis*, 2010, 30 (7): pp. 2003 -2005.

[12] Eui - Pyeong Lee, Hideo Ohtani & Yoshiyuki Matsubara. Study on discrimination between primary and secondary molten marks using carbonized residue [J]. *Fire Safety Journal*, 2002, 37 (4): pp. 353 -368.

[13] Lee E - P, Ohtani H. & Matsubara Y. Study on discrimination between primary and secondary molten marks by analyzing the crystal structure of the carbon in carbonized residue [J]. *Bulletin of Japan Association for Fire Science and Engineering*, 2000, 50 (2): pp. 31 -40.

[14] Y. Ishibashi, J. Kishida. *Research on First and Second Fused Mark Discrimination of Electric Wires* [C]. Annual Meeting of JAFSE, 1990.

[15] Anderson, R. N. Surface analysis of electrical arc residues in fire investigation [J]. *Journal of Forensic Sciences*, 1989, 34 (3): pp. 633 -637.

[16] Wu Ying, Meng Qingshan, Wang Xinming et al. XPS analysis of beads formed by fuse breaking of electric copper wire [J]. *Western Psychologist*, 2010, 30 (5): pp. 1408 -1412.

[17] Gao Ao, Zhao Changzheng. *Microscopic Investigation of a*

Copper Molten Mark by Optical Microscopy（*OM*）*and Atomic Force Microscopy*（*AFM*）[C]. Procedia Engineering，2011. pp. 100－106.

[18] 魏巍，谢明立等. 电气事故中铜导线短路熔珠金相组织分析[J]. 消防科学与技术，2007，26（2）：211～214.

[19] 王芸等. 铜导线短路熔痕微观形貌特征分析与研究[J]. 火灾科学，2008（1）：44～49.

[20] 刘筱薇，金应荣. 铜导线的短路熔痕与过热熔断熔痕分析[J]. 热加工工艺，2011（14）：194～196.

[21] 姜蓬. 基于金相分析与烟熏图痕数值重构的火灾调查研究[D]. 中国科学技术大学博士学位论文，2009.

[22] Chen，C. Y.，Ling，Y. C.，Wang，J. T. & Chen，H. Y.. SIMS depth profiling analysis of electrical arc residues in fire investigation [J]. *Applied Surface Science*，2003（203）：pp. 779－784.

[23] Wang H. R.，Liu J. Y.，Yao H. W. et al. The microstructure and phase composition of metal melting marks caused by different fire [J]. *Spectroscopy and Spectral Analysis*，2012，32（7）：pp. 1984－1988.

[24] Vytenis Babrauskas. Arc beads from fires：can ‘cause’ beads be distinguished from ‘Victim’ beads by physical or chemical testing? [J]. *Journal of Fire Protection Engineering*，2004，14（2）：pp. 125－146.

[25] 高伟，刘常升. 铜导线短路熔痕组织特征与烟粒子浓度的关系[J]. 东北大学学报（自然科学版），2010，（6）：824～826，833.

[26] 廖希亮. 脉冲电流对金属凝固组织的影响[D]. 上海大学博士学位论文，2007.

［27］石里男．焊接电弧引燃过程的机理分析［D］．北京工业大学博士学位论文，2011．

［28］C. S. Wu，Z. H. Hu & L. M. Zhong. Prevention of humping bead associated with high welding speed by double – electrode gas metal arc welding［J］. *International Journal of Advanced Manufacturing Technology*，2012，63（5 – 8）：pp. 573 – 581．